# 田んぼで出会う 花・虫・鳥

農のある風景 …… フォトミュージアム

……公啓



築地書館

# はじめに

田んぼは生き物たちのワンダーランド！

四季それぞれに表情をかえつつ、今も昔も農村風景を彩る田んぼ。
そっと近づいて、田んぼの中に眼をこらしてみよう。
カエルが跳ね、トンボが生まれ、色とりどりの花が咲き競う、
生き物たちの豊かな世界が見えてくるはず。

そこは水と光と酸素と栄養に恵まれた、
生命にとってのユートピアだ。
秋には稲穂をたわわに稔《みの》らせる田んぼは、
その懐でたくさんの生き物たちも育んでいる。

とはいえ、田んぼはあくまでもお米を作るための場所。
毎年、季節ごとに湛水と乾燥を繰り返し、
秋には突然、稲が刈り取られ、あるときは土を掘り起こされる。
どれも賢く、たくましく、そして、けなげだ。

さあ、彼らとの出会いを求めて
田んぼへ出かけよう。

**ミヤマアカネ**
稲の花が咲く真夏の田んぼで、ひときわ目をひくミヤマアカネ。
長野県8月

アマガエル

# もくじ

カブトエビ

ゲンゴロウ

ミヤマアカネ

タガメ

# 秋 130



# 冬 152



## 索引



## コラム

コミミズク

## 百姓仕事から見えてくる風景



## 「農」についてもっと知ろう



✳マークでは出会いのポイントを解説しました。

## 田んぼでのマナー

田んぼは農家がお米を作る場であって、公共の土地ではない。水路や農道も地域の農家によって大切に管理されている。そんななかでの生き物観察にはマナーが必要だ。

**1―あいさつを大切に**

農家の方に出会ったときは、気持ちよくあいさつしよう。それをきっかけに話がはずんで、いろんなことを教えてくれることもあるだろう。生き物はもちろん、地元の人たちとの出会いも楽しむよう心がけたい。

**2―田んぼへの気づかい**

田んぼは農家の所有物。断りなく田んぼに踏み入れることはもちろん、他人の田んぼに網を入れるのも控えよう。畦《あぜ》も「畦道」として自由に歩いていい場所と、そうではない場所とがある。馴染みのない場所では車の通れる道から踏み出さないのが無難だ。水路の堰板やバルブなどの構造物には手を触れないように。

**3―生き物の持ち帰り**

田んぼの生き物を飼育したり、栽培するのはけっして悪いことではない。子どもはもちろん、大人にとっても飼育は楽しいもので、そのなかから学ぶことは多い。ただし、必要以上にたくさんの個体を持ち帰らないこと。また、持ち帰った生き物はけっして野外に逃したり、放したりしてはならない。希少な生き物を持ち帰ってはならないことはいうまでもない。

# 春

田んぼの生き物たちの目覚めは早い。
まだ風も冷たい冬枯れの景色の中、
日当たりのよい畦では春の花が点々と咲きはじめる。
寒気のゆるんだ雨の夜の湿田には、
アカガエルたちが産卵のために集まってくるだろう。
田植えの準備がはじまって田んぼに水が入れられると、
さまざまな水辺の生き物たちが田んぼに戻ってきて、
夜にはカエルたちの大合唱が響きわたる。

**畦に咲いたフキノトウ**
暖かい雨が畦を覆っていた雪をいっきに解かした。フキノトウがいっせいに花を咲かせ、春の訪れを祝う。新潟県4月

**ヤマアカガエルの卵**

冬の間も田んぼを張った山間の棚田で、たくさんのヤマアカガエルの卵塊を見つけた。ざっと数えて300〜400個。産卵の夜はさぞや賑やかだったことだろう。千葉県2月

春一番、田んぼを最初に賑わすのがニホンアカガエル、ヤマアカガエルなどのアカガエルの仲間だ。産卵時期は主に2～3月。暖地の早い場所では1月、寒冷地では田んぼに水が引かれる5月となる。気温が上昇した雨の夜、水のたまった田んぼに集まって、いっせいに産卵する。産卵を終えたカエルたちはすぐに田んぼを離れ、食べ物となる虫たちの活動が活発になる初夏まで再び眠って過ごす。

# アカガエルの季節

**凍結したヤマアカガエルの卵塊**

真冬並みに冷え込んだ朝、ヤマアカガエルの卵塊が凍りついていた。このほとんどが凍死してしまったはずだ。こんな年は遅れて産卵したものだけが子孫を残すことになる。千葉県2月

産卵期以外を林の中などで過ごすアカガエルの産卵場所は、林に近い湿田、流れの緩やかな水路、ため池の浅瀬、谷間の水たまりなどだ。運よくその産卵現場に立ち会えれば、忘れがたい幸せな夜になるだろう。闇の中に響くヤマアカガエルの声は哀愁に満ちていて、ニホンアカガエルの声は優しくリズムを刻む。圃場整備や水路の改修、雑木林の伐採によって、アカガエルたちの暮らせる場所はどんどん狭められている。

✴ 1〜5月（地域により異なる）の暖かい雨の夜を狙う。あらかじめ、卵塊を見つけておくとよい。路上で産卵場所へと向かう個体を見つけたら、その動向に注目。

# アカガエルの産卵

**代掻きに驚くヤマアカガエル**

田植えを前に、水の入れられた田んぼはトラクターによる「代掻き《しろか》」がおこなわれる。土の中でこの日を待っていたヤマアカガエルが顔を出した。
長野県4月

**田んぼの脇の水路で産卵するニホンアカガエル**

朝から降り続いた雨が夜半にあがる。広角レンズをかまえて待機していたその場所に抱接したペアが現れ、狙い通りに産卵をはじめてくれた。産卵は1分ほどで終わってしまうので撮影は時間との勝負。愛知県2月

**休耕田に集まった**
**ヤマアカガエルのオスたち**

2年前まで耕作されていた休耕田。稲作をやめてしまうことはカエルたちにとって致命的。しかし、豊富な湧き水が流れ込むこの場所では、たくさんのカエルが育っている。暖かい雨の夜、ヤマアカガエルのオスたちが集まって、産卵にやってくるメスを待ち構えていた。長野県4月

**水路の脇のツクシ**

ツクシは根茎に貯えた養分を使って、ほかの植物たちより一足早く茎を伸ばす。この根茎のおかげでスギナ(ツクシの親)は除草剤にも強い。一面ツクシに覆われた畦を見ることがあるが、薬剤の気配を感じてしまう。ほのかな苦味に独特な味わいのあるツクシだが、そんな畦に生えるものはどうしても食べる気になれない。新潟県4月

# 春の畦の花

ほどよく草の刈られた畦は不思議なくらい植物相が豊かになる。季節ごとにさまざまな花との出会いがあり、とくに春先は、たくさんの花々がみごとに咲きそろう場面にしばしば出くわす。そんな田んぼには、昆虫やカエルなど、たくさんの生き物も暮らしているにちがいない。そう思って夏に再び訪れると、期待にそぐわぬ成果があるものだ。

✳ 畦の手入れの仕方や、整備された時代によって、見られる植物が異なる点に注目。花だけではなく、ワレモコウなどの在来植物の芽生えにも目を向けてみよう。

**オオイヌノフグリの花**

ついレンズを向けたくなるかわいい花。よく見ると左右対称形の凝った造りだ。晴れた日にしか開かないこの花は虫たちにも大人気。新鮮な花には次々に来客が訪れる。
愛知県2月

**畦に咲くオオイヌノフグリ**

早春の畦や路傍を青い花で飾るオオイヌノフグリ。明治時代にヨーロッパから渡来したものだが、すっかりこの国の風景に馴染んでいる。とかく悪者扱いされることの多い外来植物のなかでも、もっとも好かれるもののひとつ。
新潟県4月

**ナズナ**

田んぼの脇でナズナがみごとに咲いていた。春の七草のひとつで、花茎を伸ばす前の若芽は独特の甘味があっておいしい。この群落は間もなく田んぼに鋤き込まれてしまうことだろう。大急ぎで種をつけ、次の世代へとつなげてゆく。長野県4月

# つかの間の彩り

**ナズナの花**

ひとつひとつの花は小さいが、茎の先端に集まって咲くのでなかなかの存在感だ。花が終わった後に茎が伸び、果実はまばらにつく。三角形の小さな手をそれぞれの方向に伸ばしたような姿がかわいらしい。
長野県11月

**イヌナズナ**

ナズナに近い仲間で暮らしぶりもよく似ている。姿はやや小振りで、緑がかった黄色い花が美しい。オオイヌノフグリ(青い花)とホトケノザ(ピンクの花)が花を並べる。長野県4月

**←ヒメオドリコソウの花**

果樹園にはびこって、農家に邪魔者扱いされることもあるが、よ〜く見てみるとなかなかに魅力的な花だ。新潟県5月

**↓畦のヒメオドリコソウ**

畦ではほかの植物たちと肩をならべて花を咲かせることが多い。いたるところで見かけるが、きれいな花をつける時期は案外短い。春の訪れを感じさせてくれる植物のひとつだ。長野県4月

**ホトケノザ**

小さな花だが派手なピンク色が目をひく。複雑な花の形と葉のつき方がユニーク。ツボミの濃いピンクが何ともいえない艶っぽさを醸し出す。茨城県3月

**畦を彩るセイヨウタンポポ**

タンポポ類はやや乾燥した畦に多い。花の大きなタンポポばかりが目立つが、よく見ればさまざまな植物がいっしょに育っているのがわかる。ひとつの植物に独占されることが少ないのが、畦の生態系の特徴のひとつといえそうだ。
長野県4月

**⬆ヤブカンゾウの芽生え**

カンゾウがみずみずしい葉を伸ばしはじめた。前年、根に貯えておいた養分を使ってぐんぐん大きくなる。若い芽は茹でて食べると甘くておいしい。夏草が茂るころにはすっかり葉が消え、その後、オレンジ色の花を咲かせる。長野県4月

**⬇スズメノテッポウ**

水を入れる前の水田に育つ植物の代表格。早春の田んぼで咲いているのは、去年の秋、稲刈りの後に芽を出したものだ。ありふれた植物ではあるが、棒状の花序(花の集まり)の形は数多いイネ科植物のなかでも独特だ。何か強い意志を感じさせる。新潟県5月

# 春のサギ

冬の間、寒風にさらされて乾燥していた田んぼも、水が入れられるとたちまち湿地へと変貌し、カエルや水性昆虫を狙ってサギの仲間がやってくる。ちょうど渡りの時期でもあり、移動中のサギたちも田んぼでエネルギーを補給してゆく。見通しのよい田んぼは、休息の場としても大切だ。畦でたたずむ姿を見かけることも多い。サギが集まっている田んぼには、必ずといっていいほどカエルやドジョウがたくさんいる。サギの群れが生き物の豊かさを示す指標となっているわけだ。

サギなどの大型の鳥は、電車の窓などからも簡単に見つけることができる。

**代掻きするトラクターに集まるアマサギ**

英語でcattle heronと呼ばれるこのサギは、もともと牛などの大形動物の周りで逃げ出す小動物を捕らえる習性を持っている。今の田んぼでは、牛馬のかわりにトラクターの近くにやってきて獲物を探す。背中と頭のオレンジ色が美しい。愛知県5月

**⬆畦に沿って獲物を探すサギたち**

手前の、後頭部に飾り羽根のあるのがコサギ。後ろの少し大きいのがチュウサギ。畦に沿って歩きながら獲物を探す姿がよく見られる。彼らの好物であるカエルは畦際に潜んでいることが多いのだ。サギたちの行動は生き物探しの手本にもなる。愛知県5月

**⬇畦で休むチュウサギ**

いわゆるシラサギ類のなかでも、もっとも田んぼとのつながりの深いチュウサギ。さまざまな要因により、かつてに比べ個体数が激減したといわれているが、生き物の豊かな水田地帯には、今もたくさんのチュウサギが暮らしている。長野県5月

# シギやチドリの仲間たち

春、繁殖地へと向かうたくさんのシギやチドリが日本列島を通過してゆく。そのなかには田んぼに立ち寄るものも少なくない。田んぼに降り立つシギ、チドリの数や種類は地域によって異なるが、各地の平野部では大小さまざまなシギが田んぼで餌をついばむ光景が見られる。のどかな春の田園風景だが、この30年ほどでこうしたシギは激減してしまい、かつてのような賑やかさはない。シギたちの群れる田んぼを、何とか復活させたいものだ。

平野部の広い水田地帯には、渡り鳥が立ち寄ることが多い。意外に目立たないので遠くからはなかなか見つけられない。車や自転車で農道を走り回って探すとよい。ひとつの群れが見つかると、その近くでさらにいくつもの群れに出会うことも多い。飛翔する群れや、ケリやチドリの声も出会いのきっかけとなる。

⬆タカブシギ
均整のとれたスタイルと背中の模様が美しい。春の田んぼを代表するシギだが、昔に比べるとずいぶん少なくなってしまった。愛知県5月

⬅コチドリ
草の少ない河原や造成地などで繁殖するチドリの一種。田植え前後の田んぼをよく訪れる。くりりとした目がかわいらしい。愛知県5月

⬆タシギ
漢字で書けば「田鴫」。名前に田の字が二つもつく鳥。秋から春に見られ、日中は草陰に隠れていることが多い。複雑な模様は、枯れ草の中で見事なカモフラージュとなる。愛知県5月

⬇セイタカシギ
名前のとおり、すらりとした脚が特徴的な優雅なシギ。少数ながら田んぼの周辺で繁殖するものもいる。愛知県5月

**キアシシギ**

田んぼのほか、干潟や磯で目にする機会の多いシギ。
春と夏に日本を通過する旅鳥だ。愛知県5月

# シギの群れ遊ぶ田んぼ

**タマシギ**

日本の田んぼで子育てをする数少ないシギのひとつ。ほかの鳥とは雌雄の役割が逆転していて、地味な色合いのオスが卵を温める(写真は雌)。草の間に潜んでいることの多い鳥だが、夜、「コーコー」と特徴的な声を聞くことができる。愛知県5月

**⬆チュウシャクシギ**
ハトより大きなシギ。干潟でカニなどの獲物を探すことが多いが、田んぼにもやってきてカエルやザリガニを食べる。愛知県5月

**⬇夜の田んぼのチュウシャクシギ**
潮が満ちて干潟が水没した夜、チュウシャクシギの群れが近くの田んぼで休息していた。人けの消えた夜の田んぼは昼間とは別世界。ひんやりした風の中、シギたちはつぶやくような声で鳴き続けていた。愛知県5月

**水際の草の葉に産卵するホソミオツネントンボ**

田植え前の田んぼに、たくさんのホソミオツネントンボが産卵にやってきた。雌雄、連結したまま飛び回り、条件のよい場所を入念に探す。産卵に適した場所は限られているので何組ものトンボがいっしょに産卵するシーンが見られる。体長34〜41mm。長野県5月

# 春のトンボ

夏に田んぼで羽化したオツネントンボとホソミオツネントンボは、そのまま、もの陰で冬を越す。春に活動を再開し、田んぼの水際の植物の組織の中に卵を産む。孵化した幼虫はミジンコなどの小さな虫を食べて育ち、夏にはトンボの姿へと羽化する。シオヤトンボは春いちばんに羽化するトンボ。幼虫で越冬するので、冬に乾燥してしまう田んぼでは暮らすことができない。

春先のトンボは、よく晴れた日中にしか活動しない。湿田やため池など、冬でも水のある場所に近い、日当たりのよい畦ではトンボと出会えるチャンスが高い。

**⬆フキの葉上でなわばりを見張るシオヤトンボ**
春から初夏に見られるシオヤトンボ。成熟したオスは縄張り意識が強い。このシオヤトンボは田んぼを見渡せるフキの葉がお気に入り。ほかのトンボを追い払っては、また同じ葉に戻ってきた。体長39〜47mm。新潟県6月

**⬇水路から羽化したシオヤトンボ**
水面からスレスレの高さで羽化することが多い。まだ気温が低い中で羽化するので、飛べるようになるまでに長時間を要する。そのためか、羽化に失敗したものを見かけることも少なくない。長野県4月

オタマジャクシやミジンコ、ミミズなど、田んぼにはさまざまな小さな生き物が育つ。それを狙って肉食の昆虫たちも田んぼに集まり、そこで子孫を残す。その代表が水生のカメムシの仲間だ。田んぼが乾燥する秋から冬をため池に避難するなどして過ごし、豊かな田んぼをじつにうまく利用しているグループだ。

# 田んぼに駆けつける虫たち

水生カメムシ類は、田んぼに水が入った直後から続々と集まってくる。生き物たちのダイナミックな動きを感じてみよう。稲が小さいうちは、水中の生き物は畦際の草陰などに隠れていることが多い。ケシカタビロアメンボなどの小昆虫はこの時期、もっとも見つけやすい。土の露出した畦の水際に目を凝らすと、さまざまな小さな生き物との出会いがあるはず。ルーペを片手に、じっくり探してみよう。タイコウチやミズカマキリの卵も見つかるかもしれない。

**交尾するアメンボ**

アメンボは開けた水面を好むので、稲が大きく成長するころには田んぼから姿を消してしまう。この姿からは想像できないが、活発に飛び回る昆虫だ。体長11〜16mm。長野県6月

**⬆小さな虫を捕らえたヒメアメンボ**
田んぼではもっとも普通に見かけるアメンボの一種で、アメンボより小さい。稲が成長して薄暗くなった田んぼでも生活することができる。体長8～11mm。新潟県5月

**⬇ヒメイトアメンボ**
水面をトコトコ歩く体長9mmほどの小さな虫。体は細く色も地味なので目立たない虫だが、ぜひ、このユニークな姿を見つけてほしい。長野県6月

**マツモムシ**

水中で背中を下に向けた背泳スタイルで生活している。ボートのオールのような肢を使って活発に泳ぐ。不用意に捕まえると、指を刺されることがあるのでご注意を。体長12～14mm。長野県5月

**ケシカタビロアメンボ（長翅型）**

体長1.5mmほどの微小な昆虫。畦際の水面に目を凝らすと、とことこ歩く姿が目に入るはずだ。小さな虫だが、拡大してみると均整のとれた体形をしていて模様も洒落ている。私の好きな虫のひとつ。長野県4月

**ケシカタビロアメンボ（短翅型）**

こちらは羽のないタイプ。幼虫のようにも見えるが、これで成虫。水面に落ちてきた虫の体液を吸って生活している。この仲間にはよく似た種がいくつかある。長野県5月

**ミズカマキリの幼虫**

田んぼで生まれたばかりのミズカマキリの幼虫。体長は12mmほど。カマをもたげて獲物を待つ姿は親と同じだ。長野県6月

# さまざまな水生カメムシ類

**ミズカマキリ**

成虫は呼吸管を含めると10cmほどの大きさになる。秋から冬はため池、春から夏は田んぼへと、季節によって移動して暮らすものが多い。長野県5月

# 田んぼで生まれる水生カメムシ

**コオイムシ**
メスはオスの背中に卵を産みつけ、オスは卵を背負って生活しながら外敵から大切な卵を守るのでこの名がある。時折水面に浮上して卵の酸素補給を手伝うのも、大切なオスの仕事だ。体長17〜20mm。よく似たオオコオイムシ（体長23〜26mm）も田んぼで見られる。長野県5月

**コオイムシの孵化**
コオイムシの幼虫は1匹ずつ生まれてくる。その間も親は移動するので、子どもを分散させることができるのだろう。すべての卵が孵化すると、卵の殻は背中から剝がれ落ちる。長野県6月

**タイコウチの孵化**
タイコウチの幼虫はいっせいに孵化してくる。生まれたばかりの幼虫は美しいワインレッド。宇宙人的な造形だ。長野県7月

**生まれたばかりのタイコウチ**
畦で生まれた幼虫はすぐに水に入って泳ぎ出す。数時間のうちに赤味は消え、目立たない褐色となる。長野県7月

**タイコウチ**
泥に体を埋めて獲物を待つことが多いため、目につきにくい虫。夜の田んぼで歩いて移動する成虫に出会った。歩き方はいかにも不器用で、泳ぎも遅い。体長30〜38mm。
長野県6月

# 初夏

田植えの終わった農村は、
しっとりとした雰囲気につつまれる。
田んぼを渡ってくる風のすがすがしい季節だ。
植えられたばかりの稲の苗は何とも頼りないが、
すぐに根付いて葉をぐんぐんと伸ばしはじめる。
畦の植物たちは、
背比べをするように花茎を持ち上げ、
夜にはさまざまなカエルたちがその声を競い合う。

**初夏の畦草**
春先の背の低い植物にかわって、丈のある植物が花を咲かせる。ハルジオンの淡いピンクが美しい。スイバ、ニガナの花も見られる。新潟県6月

**レンゲのお花畑**

かつてはどこにでも見られたレンゲ畑。空気中の窒素を養分に変えることのできるレンゲは、田植え前に鋤き込むことで肥料として活用されてきた。ところが、田植えの時期の変化や化学肥料の普及によってすっかり姿を消してしまった。愛知県5月

# 初夏の花

水を湛えた田んぼの畦は十分な湿気を含み、みずみずしい植物たちが元気に育つ。虫たちを呼び集めようと、それぞれに魅力的な花を咲かせている。畦草はある程度伸びると、刈り取りがおこなわれる。そのタイミングは地域や農家によってさまざまだ。農家の仕事ぶりの多様性が、田んぼの生き物をより豊かにしている。

畦草が伸びてくる初夏は、畦ごとの植物の違いがいっそうはっきりしてくる。目立たない小さな花にも素敵なものがある。花の形や模様はもちろん、雄しべや雌しべの微細な構造にも目を向けてみよう。ルーペや顕微鏡を使うと世界が広がるはずだ。

### ノアザミ

初夏の畦を彩るノアザミ。まわりの植物たちよりひときわ高く茎を伸ばしてピンクの花をつける。蝶やアブなど、たくさんの虫が訪れる花だ。愛知県5月

### ハハコグサ

やや乾いた畦に群れ咲くキク科の植物。白い綿毛のはえた茎の先にひかえめな黄色い花をつける。やさしい雰囲気をもつ植物だ。新潟県5月

# 畔の花々

**サギゴケ**
ムラサキサギゴケとも呼ばれ、地面に茎をはわせながら紫色の花をもたげる。花の中を小さなハネカクシが歩いていた。新潟県7月

**ツボスミレ**
湿った場所を好むスミレで、畦の水際などで小さな花を咲かせる。
新潟県6月

**オニノゲシ**
畦や路傍に咲く、ちょっといかつい雰囲気の植物。葉っぱの付け根の造形がおもしろい。長野県5月

**ニワゼキショウ**

いかにも外来植物という雰囲気が漂う可憐な花。北アメリカ原産とのことだ。花が終わると花茎は横に曲がって、かわいいまん丸い果実をつける。愛知県5月

# 畔にみなぎる植物たちの命

**畦草たちの背比べ**

たくさんの虫を集めようと、あるいは、花粉や種を運んでくれる風を受けようと茎を伸ばす、スイバ、コウゾリナ、ハルジオン。新潟県6月

**オオジシバリ**

地面に茎をはわせて横へ横へと広がって花茎を持ち上げる。こうした植物は、畦草の刈り取りによって勢力を増してゆく。新潟県6月

**フキ**

初夏の畦でフキが葉を茂らせる。フキは花芽(フキノトウ)と茎が今でも食用として利用されている。かつて畦の植物は、家畜の餌や肥料としてすべて有効に使われていた。新潟県6月

田んぼにはさまざまなカエルたちがやってくる。ほどよい水温と食べ物に恵まれた田んぼは、オタマジャクシが育つには絶好の環境なのだ。アカガエルやアオガエル、ヒキガエルは繁殖のために田んぼを訪れ、産卵後は、それぞれの生活の場へと戻ってゆく。トノサマガエルの仲間やツチガエルは活動期間の多くを田んぼで過ごす。大量の昆虫を食べ、害虫の大発生を防いでくれる。

# 田んぼのカエル

✳ 姿を見るのは案外、むずかしいかも。カエルの生息には地理的な要因が大きく関わっているので、夜、声をたよりにカエルの多い地域、場所を探ってみるとよい。やかましいアマガエルは夜半には静かになるので、そのほかのカエルの声を聞くには、遅い時間の方がいいだろう。

**メスを待つヒキガエル**

田んぼに集まったヒキガエルのオスたち。アカガエルと同様、春早くいっせいに産卵する。山陰や、冷たい沢の水が流れ込む比較的水温の低い田んぼにやってくる。愛知県3月

## ニホンアカガエル

ニホンアカガエルの産卵シーンを狙って雨の房総半島へと出かけた。残念ながら産卵のピークは前の夜。当日は小雪の舞う天気になってしまった。そんななかでも昨夜メスに出会えなかったオスたちが次のチャンスを待っていた。かじかむ指でシャッターを押す。
千葉県2月

## ヤマアカガエル

夏の山道で出会ったヤマアカガエル。水辺から遠く離れた森の中で出くわすことがある。みごとに枯れ葉と同化していた。どこにいるかわかりますか？　長野県7月

# さまざまなカエルたち

## シュレーゲルアオガエル

普段は草むらや樹上で生活しているが、4〜6月の繁殖期には田んぼにやってきて、オスが畦の土中にもぐって「カッカッカ、コッコッコ」と美しい声で鳴く。全身緑色の個体が多いが、背中に黄色い斑をもつものもある。新潟県5月

## モリアオガエル

樹上で産卵することで有名なモリアオガエルだが、地域によっては田んぼで繁殖するものも少なくない。全身緑色のタイプと、褐色の斑をもつタイプとがある。シュレーゲルアオガエルの声をそのまま低くしたような鳴き方をする。愛知県7月

## アマガエル

お馴染みのアマガエルも田んぼが主な繁殖場所。指の吸盤のおかげでコンクリートの側溝も楽々と乗り越えられる。田んぼのカエルの代表だ。長野県8月

**ツチガエル**

イボガエルと呼ばれ、あまりいいイメージのないカエルだが、ご覧のとおり、つぶらな瞳がチャーミング。カエルをかわいく撮るなら夜に限る。暗い中では瞳孔が開いて目が大きく写るからだ。長野県7月

**ヌマガエル**

こちらもイボガエルと呼ばれるものの一種。白いすべすべのお腹が印象的。西日本に多く、暖地では個体数の多いカエル。愛知県7月

# トノサマガエルの仲間

ゲロゲロと鳴くトノサマガエルの仲間。トノサマガエルとダルマガエル、その亜種であるトウキョウダルマガエルとに分類されている。かつては田んぼを代表するカエルだったが、水路の改修や圃場整備などの影響で生息場所が狭められつつある。数えきれないほどのカエルがピョンピョンと逃げ出す畦道は、今では珍しい存在だ。そんな田んぼを何とか残し、復活させていきたいと思う。

トノサマガエル類は、畦の草陰に隠れていて、近づくと田んぼに飛び込んで、泥の中に隠れてしまう。こうなると姿を見つけるのはむずかしいが、その場でじっと待っていればやがて水面に浮上してくるはず。カエルは動くものには敏感に反応するが、動かないものには感度が低い。とにかく、じっと待つことが大切。

### トノサマガエル

関東地方を除く本州、四国、九州に分布。繁殖期のオスは体色が金色に変化する。立派な個体が畦で悠然としている姿はなるほど殿様を思わせるが、用心深くてなかなか思うような写真を撮らせてもらえない。新潟県6月

**トウキョウダルマガエル**

関東地方に分布するのはこのカエル。トノサマより手足が短く、オスは繁殖期も体色が変化しない。場所によってはかなりの高密度で生息する。たくさんいるなかには警戒心の薄い個体もいるもので、間近に観察できるチャンスがあるだろう。長野県7月

**ダルマガエル**

東海から近畿、瀬戸内海沿いに分布するがやや局所的。岡山などの個体群は絶滅寸前といわれている。ただし、このカエルも自然度の高い田園地帯にはたくさんいる。繁殖期間は比較的長く、卵と上陸した子ガエルをいっしょに見ることもある。愛知県7月

カエル類の最大の特徴は「鳴く」ということだろう。これはオスがメスを呼び寄せる信号だ。ただし、アマガエルが雨の降る前などに鳴く「雨鳴き」の意味はよくわかっていない。メスとの出会いを求める声には必死の思いがこもっている。遠くで聞けば風流なその声も、近くで聞くと激しさを感じるものだ。そんな彼らに出会うのならばやはり夜がいい。それぞれの鳴き方でメスを呼ぶ姿は感動的だ。

# カエルの合唱♪

声を張り上げて鳴いているカエルたちも、足音には敏感で、近づくとすぐに鳴きやんでしまう。再び鳴きはじめるまでには、かなりの時間がかかることがあるのだが、そこは我慢あるのみ。高密度で鳴いている場所では、鳴きはじめるまでの時間が短い。極度に興奮しているカエルは、人の接近をまったく気にしないことさえあるので、そんな場所が見つかれば、パワフルな彼らの姿を間近に見ることができるだろう。

**♪「キャララ キャララ」はヤマアカガエル**

ヤマアカガエルは耳の後ろに鳴嚢《めいのう》(声を出すための袋状の器官)を持ち、この世のものとは思えない不思議な声で鳴く。まるで宇宙人のおしゃべりのようだ。姿がよく似たニホンアカガエルは鳴くときにのどが少し膨らむ程度で、鳴嚢を持たない。長野県4月

♪「ゲロ ゲロ ゲロ」はアマガエル

体に似合わぬ大音量の持ち主。春、田んぼに水が引かれると、それを待っていたかのように合唱がはじまるのだが、不思議とアマガエルの集まる田んぼは毎年決まっている。そんな田んぼでは、まさに骨身に響くコーラスに浸ることができる。長野県7月

# さまざまな姿で鳴くカエルたち

**♪「コロロ コロロ クックック」はモリアオガエル**

雨上がりの田んぼでモリアオガエルが鳴いていた。節まわしはシュレーゲルとそっくりだが、低い声がお腹にまで響いてくる。近くの畦には産みつけられたばかりの卵塊があった。新潟県6月

**♪「カララ カララ ケッケッケ」はシュレーゲルアオガエル**

土中で鳴くことが多いので、鳴いているシーンを見ることは少ない。田んぼのカエルのなかではもっとも美しい声で鳴く。土の中では体色が黒っぽく変化するが、これはモリアオガエルも同様。新潟県5月

**♪「キュウ キュウ キャッキャッキャ」はヌマガエル**

のどの鳴嚢がハート型に膨らむのがこのカエルの特徴。これがツチガエルとの識別点にもなっている。このカエルの声はなかなか多彩だ。興奮の度合いによって、鳴き方がどんどん変化する。愛知県5月

## ♪「ウゲゲ ウゲゲ」は ダルマガエル

トノサマガエルの仲間は、どれも左右の頬に風船のような鳴嚢をもつ。警戒心の強い個体が多いので、鳴いている姿を見るには寛大なカエルを探し出して、忍耐強く近づかねばならない。滋賀県7月

## ♪「ギュウ ギュウ」はツチガエル

ツチガエルは鳴いている姿もかわいい。腕をふんばって力いっぱい声を出す。水面の波紋からもそのエネルギーが伝わってくる。滋賀県7月

百姓仕事から見えてくる風景――❶

# ヘビのあとずさり

小学6年の息子がぽつりと言った。「父ちゃん、農家の仕事って単調だよね。」

確かに春が来れば一家総出で籾を撒き、苗代《なわしろ》を作ったら田んぼに肥料を撒いて代掻《しろか》きをし、田植え、そして草取り。息子の目には毎年毎年よく同じことやるね〜と映ったかもしれない。

草刈りをする。5町歩、40枚の田の畦《あぜ》草刈りをひと回り終えるには10日以上、明けても暮れてもビーバー(草刈機)を振り回している。背中でうなるエンジン、刈刃と草のこすれ合う音、しびれる腕、滴る汗。まさに単調な苦役ともいえる日々である。

以前は何の農作業をするにも奥歯をガチッと噛み締めて力む癖があった。おかげで奥歯はボロボロ、よく歯医者に通ったものだ。それが近ごろ歯医者にあまりかからない。肩の力が抜けてきたということか?

農作業をしていると心穏やかになることがうれしいと言った友人がいる。機械作業を勢いで片づけてしまうことが多くなった近ごろではなかなか味わえない境地かもしれない。

そこで、あえてビーバーをスイングするペースを落としてみる。呼吸をゆっくり整えて力を抜いて、歩みも緩めてみる。

そしたら先日、シマヘビに出会った。土手に開いた直径3〜4センチのねずみ穴からくねくねと半身だけ出てきたところの大きな奴と、目が合ってしまったのだ。お互い、数秒の静止とにらめっこの後、なんと！そのシマヘビは「じゃ、失敬。」とばかりに体を左右にくねらせながら、バックしはじめ、そのまま穴の中へあとずさりして消えてしまった。シマヘビのトンネル逆行を目撃するのはこれが2度目。シマヘビのことがますます好きになってしまった。

草刈りに、水見《みずみ》に、穴の開いた田んぼの土手を歩くたびにわくわくとした気持ちになれるのは、もしかしたら、またあのシマヘビが穴の入り口で出ようか戻ろうか思案しているかも? なんて思えるからかもしれない。なにを呑気なことをと叱られそうだが、ペースを落としたぶん、長続きするから草刈りもかえってはかどったりもする。

息子にもいつか伝わると思う。単調に見える毎日でも、君が学校でいろんな出来事に出会うように、父ちゃんも田んぼでいろんな生き物たちに遭遇し、心ときめかせながら仕事していると。

小川文昭(専業農家)

「農」についてもっと知ろう―❶

### 01 ［畦《あぜ》］（畔とも書く）

田んぼと田んぼとを仕切る帯状の陸地。田んぼを区分けするだけのものから「畦道」として利用される幅広い頑丈なものまである。さまざまな植物が生育し、蝶やクモなどたくさんの虫たちが暮らしている。ゲンゴロウやホタルなどの水生昆虫は畦の土中で蛹になり、カエルは畦の上で休息する。田んぼの生き物にとって畦はなくてはならない場所だ。また農村景観のなかで、畦は重要な構成要素として位置づけられる。

### 02 ［畦塗《あぜぬ》り］

畦を維持し、水もれを防ぐために、畦の内側と上面に泥を塗りつける作業。農家の美意識が反映される作業でもあるが、最近は機械を用いることも多い。

### 03 ［代掻《しろか》き］

春、田植え前に田んぼに水を入れた状態で土を浅く撹拌する作業。田んぼを平たんにする、水もれを防ぐ、芽生えた雑草を駆除する、などの効果がある。代掻きの回数は1回、2回、3回とさまざま。

### 04 ［苗代《なわしろ》］

かつては田んぼの一部で苗を育てる「水苗代(みずなわしろ)」が一般的だったが、現在では田植えの早期化や田植機の普及により、田んぼ以外の場所で苗を育てる方法が主流となっている。水苗代が消えたことで田んぼに水の入る時期が遅れ、生活のリズムを崩してしまった生き物がいる。例えば、水苗代に産卵していたトノサマガエルは産卵時期が変化し、ダルマガエルと交雑する危険性が増したといわれている。

### 05 ［田植《たう》え］

田んぼに直に籾(もみ、イネの種子のこと)をまくのではなく、苗代である程度まで成長させた苗を田んぼに植え代えること。生育初期の稲が雑草に負けないようにするための技術。田んぼに直接、種籾をまく方法(直播栽培)もある。

### 06 ［水見《みずみ》］［田《た》まわり］

田んぼの水位を調節しながら、稲や畦の様子を見て回ること。通常、早朝か夕方から水を入れはじめ、１～数時間後に止める。春、田んぼに水を引いてから、稲刈りまで続く農家の日課。

### 07 ［除草《じょそう》］［草取り］

田んぼにはさまざまな雑草が生えてくる。その駆除法は稲作に欠かせない技術だ。現在は化学合成された除草剤が使われることが多いが、これらの薬剤は、植物はもちろん、多くの小動物、微生物を殺傷する。また、田んぼの水とともに流出して河川の生態系にも影響をおよぼす。その反省から薬剤に頼らない除草法が研究されてきた。機械的に草を取り除く技術のほか、雑草の生理生態を研究しその弱点をつく技術、アイガモやコイなどの生き物を利用する技術などが実用化されている。

たくさんの生き物を育む田んぼを、さまざまな鳥たちが餌場として利用する。なかには田んぼや畦に巣を作り、子育てする鳥たちもいる。稲がまだ小さいうちは上空から襲ってくるタカなどの天敵にはまったくの無防備だが、稲が育てば身を隠しつつ食べ物が手に入る、子育てには絶好の環境となる。

# 田んぼで育つ鳥

もともと鳥たちは用心深い生き物だが、子育てとなればことさらだ。警戒心の強い鳥たちの巣への接近は、その暮らしを脅かすことにもなりかねない。鳥の巣を探すことは慎むべき。

**カルガモの親子**

近くに巣があったのか、カルガモ親子が畦で休んでいた。親は周囲への警戒を怠らない。親に見守られながら兄弟とくつろぐヒナたちは、とても幸せそうだった。長野県7月

**ケリ**

田んぼで繁殖するハトほどの大きさのチドリの仲間。「ケリリ、ケリリ」とけたたましく鳴くのでこの名がついた。分布は局所的だが、繁殖地では声、姿とも存在感十分で、田んぼの風景の一部となっている。
愛知県5月

**⬅孵化して間もないケリの雛**

頭上でケリが妙に騒ぎたてると思ったら、目の前の畦際からまだ幼いケリの雛が歩き出した。手早く写真を撮ってその場を離れる。孵化した雛はすぐに歩くことができ、親に連れられて移動しながら生活する。愛知県5月

**⬇田んぼの中に作られたケリの巣**

畦の上に巣を作ることの多いケリだが、田んぼのまん中に巣を構えるものもいる。水管理を間違えたり大雨が降ったりすれば、巣はたちまち水没してしまう。
愛知県5月

人のすぐ傍らで暮らすツバメは、田んぼとのつながりの深い鳥のひとつ。春、南から渡ってきたツバメは民家の軒下などに巣を作る。巣の材料は泥と草をこね合わせたもの。ほどよく水気を含んだ泥は、田んぼから運ばれてくることが多い。卵から孵った雛にはトンボやカゲロウなど、空中で捕らえた虫が与えられるが、田んぼの上空は絶好の狩り場となる。巣立った幼鳥たちも田んぼの周辺でよく見られ、南へ旅立つ前に田んぼに集団ねぐらをとることがある。

# 田んぼが支える
# ツバメの暮らし

✳ツバメは、鳥のなかでも、もっとも観察しやすいもののひとつ。無理に近づかなければ、微笑ましい子育ての様子を気がねなく見せてもらうことができる。こんなときにはぜひ、双眼鏡を使いたい。

**田んぼの上を飛ぶツバメ**

田んぼからはたくさんの昆虫が発生してくるので、ツバメたちが群れ飛ぶ光景をよく目にする。友人の有機農家の田んぼを見ていると、明らかに周囲の田んぼより上空のツバメが多い。なるほどなあ、といつも感心する場面だ。長野県8月

**➡田んぼで巣材を集める**

水位の下がった田んぼで巣材を集めるツバメ。巣と田んぼを何度もせわしなく往復していた。愛知県5月

**⬇消防小屋の赤色灯に作られたツバメの巣**

今年2度目の繁殖による雛だろうか、夏に子育てをするツバメ。雛にノシメトンボを与えていた。近くの田んぼで捕ってきたものだろう。長野県7月

**畦で休む幼鳥たち**

巣立ったばかりの幼鳥たちが、きれいに刈られた畦で休息する。いちばん右のツバメは、楽しそうに枯れ葉をくわえて遊んでいる。まだあどけないこの子たちも、せっせと虫を食べて体力をつけ、秋には南へと渡ってゆく。長野県7月

# 田んぼで生まれる不思議なエビたち

ホウネンエビやカブトエビ、カイエビはいずれもエビと同じく甲殻類に属する生き物。田んぼ以外ではまず見られない不思議な連中だ。春、田んぼに水が入ると卵が孵化して、2ヶ月ほどの間に成長し、卵を産んで一生を終える。卵は乾燥や寒さに耐え、ときに数年を土の中で生き長らえて、再び水に浸かる日を待つ。砂漠地帯の不安定な環境が彼らの故郷とのことだが、田んぼの環境にすっかり馴染んで、毎年、我々の目を楽しませてくれる。

ホウネンエビは神出鬼没。年によって発生する数や場所が不安定な傾向がある。どちらかというと、生物相が貧相な場所で見られることが多い。一方カブトエビは一定の場所で続けて発生することが多い。いずれも、冬に乾燥する田んぼを好む。

**ホウネンエビ**

いつも背中を下にしてゆらゆらと泳いでいる。色といい形といい動きといい、天国的な雰囲気をもつ生き物だ。珍しいものではないが、かといってどこにでもいるわけではない。見つけてうれしい田んぼの役者のひとつ。体長約15mm。長野県6月

**カイエビの一種**

写真のカイエビは7mmほどの大きさ。この仲間にはいくつかの種がある。2枚貝のような殻をもつが、脚の動きはまさにエビ。活発な生き物だ。長野県6月

**カブトエビ**

海に住むカブトガニを小さくしたような姿。カブトガニとは分類的にかけ離れているが、やはり「生きた化石」と呼ばれる。田んぼの泥をかき回す習性があり、これが除草効果を発揮するという。日本では、アジアカブトエビ、アメリカカブトエビ、ヨーロッパカブトエビの3種が見られるが、その区別はむずかしい。体長約30mm。長野県6月

# 田んぼを賑わす さまざまなトンボたち

初夏、トンボシーズンがいよいよ本番を迎える。あるものは田んぼで生まれ、あるものはため池や川から飛んできて、餌を捕り、卵を産んでゆく。日射しが柔らかく気温もそれほど上がらないこの時期はトンボの動きもゆったりしていて、観察しやすい。梅雨時の柔らかい光はトンボたちの微妙な色合いをひき立ててくれる。

**産卵するギンヤンマ**

植えたばかりの小さな稲につかまってギンヤンマが卵を産んでゆく。上側のオスはメスを支えつつ、周囲に気を配る。ここで生まれた幼虫たちは、夏に田んぼから水が抜かれる前に羽化しなければならない。体長71〜81mm。愛知県5月

### アオハダトンボ

近くの川からやってきたアオハダトンボ。メタリックな輝きをもつ黒い翅が魅惑的。体長50～60mm。長野県7月

### ⬅モートンイトトンボ

初夏に姿を現す小さなイトトンボ。体長25～28mm。田んぼのトンボ中、最小クラス。黄緑、オレンジのパステルカラーが美しい。ハートの形で交尾する。長野県7月

### ⬇キイトトンボ

透明感のあるレモンイエローが印象的。柔らかい色合いがしっとりした風景によく似合う。体長37～44mm。新潟県7月

**「ぬるみ」から羽化したウスバキトンボ**

田んぼに流し込む水を温めるための、稲を植えない「ぬるみ」などと呼ばれる区画。ウスバキトンボはこのような開けた水面で好んで産卵する。幼虫たちは順調に育ち、次々に羽化していった。長野県8月

**ウスバキトンボの羽化殻**

ヤゴ(トンボの幼虫)にとって、よほど魅力的な草だったのか、3つの抜け殻が並んでいた。なぜ、この草に魅かれたのか？　人間にはわからない。長野県8月

数多いトンボのなかでも、ウスバキトンボほどダイナミックな暮らしをするものはない。このトンボは寒さに弱く、卵も幼虫も亜熱帯気候でしか冬を越せない。飛翔力に優れたこのトンボは、毎年、春になると南国から海を越えてはるばる飛来し、田んぼに産卵する。成長が早い幼虫は初夏には羽化してまた卵を産む。それを繰り返し、秋には大きな群を作るのだが、秋の寒さに、はかなく滅びてしまう。

# ウスバキトンボの放浪生活

移動経路など、まだまだ謎の多いウスバキトンボ。一般にも馴染みが薄く、意識されないことが多いが、夏の台風の通過後に、公園や校庭などの開けた場所で群れ飛んでいるトンボは間違いなくウスバキトンボだ。西日本で「赤とんぼ」といえばこのウスバキトンボ。気をつけていれば出会う機会も多いはず。

**アシの葉で休む ウスバキトンボ**

日中はめったにとまらず、ひたすら飛び続けるウスバキトンボだが、まだ涼しい早朝には、こうして休む姿を見ることができる。ウスバキトンボは、このように常にぶら下がる姿勢でとまる。体長42～52mm。長野県8月

**オオアオイトトンボ**
成虫は地味な印象のトンボだが、幼虫はこんなにもスタイリッシュ。イトトンボのヤゴには3枚の尾鰓と呼ばれる器官があり、これがいいアクセントになっている。体長17〜20mm。長野県7月

田んぼではさまざまなヤゴが育っている。畦際や水路を網ですくうと、一度に大小さまざまな形のヤゴが入ってくることもある。検索図鑑も出版されているので、それらを参考に名前を調べるのも楽しい。イトトンボ、ヤンマ、アカネ、それぞれに魅力的な造形を見せ、顎を使うハンティングもスリリング。水槽に入れて見物するのもいいだろう。

# 田んぼで育つヤゴたち

トンボが飛び交う田んぼの泥を網ですくえば、簡単にヤゴを見つけることができるはず。家に持ち帰って飼育すれば、やがて羽化してトンボとなる。ヤゴは動くものを獲物にして生きているので、飼育するには餌の確保が必要だ。小さなヤゴにはミジンコやアカムシ、ボウフラ、大きなヤゴにはオタマジャクシを与える。羽化させるには、なるべく大きな、羽化の近いヤゴを選ぶと失敗が少ない。羽化した後の抜け殻は乾燥して保存ができる。抜け殻で種の同定もできるので、コレクションするのも楽しい。

**ギンヤンマ**

ギンヤンマのヤゴは典型的なヤンマ型。いかにも肉食らしい凶暴な雰囲気をもつ。お尻からジェット水流を噴射して素早く泳ぐことができる。体長49〜55mm。愛知県2月

**アカネ類のヤゴ**

アカネの仲間はヤゴでは見分けるのがむずかしいグループだ。泥の中に体を埋めていることが多いが、この夜は何匹ものヤゴが体を露わにして小さなミジンコをしきりに食べていた。体長約15mm。長野県7月

# ヤゴからトンボへの大変身!

せっせと虫を食べて成長してきたヤゴが、いよいよ羽化の日を迎える。羽化は夜から早朝におこなわれることが多い。羽化の様子を見るには風のない静かな日、夜半過ぎか早朝に出かけるのがいいだろう。地域によって時期は若干ずれるが、6月末から7月半ばの、アカネが羽化する季節なら感動的なシーンに出会える可能性が高い。

水からはい上がってきたヤゴが羽化の場所をここに決めた。足場を何度も確かめつつ、後肢を振り回すことで背後の空間を確認する。

背中に縦に裂け目ができ、白い体がじわじわとせり出してくる。

顔が出てきた。殻から抜け出た瞬間から顔の形は変化しはじめ、みるみるトンボの顔になってゆく。

体液を送り込むことで翅を伸ばしてゆく、もしここで翅に傷がつけば、傷口から体液がもれて翅を伸ばせなくなる。

ゆっくりゆっくり翅が伸びる。

翅の形が完成に近づくと腹部が伸びはじめる。

羽化が完了するまでにかかる時間は気温や湿度、風のあるなしで変化する。撮影の夜は途中で小雨が降り出す悪条件。トンボが濡れないように、傘をさしての撮影となり、通常より長時間を要した。長野県7月

腹部が半分抜けたところでひと休み。頭を下にした状態で静止し、脚が固まるのを待つ。

ふいに体をおこして、殻につかまる。

するりと腹部が抜けた。出てきた体は弱々しい。まだまだ緊張が続く。

翅はほぼ完成したが、まだ体液を含んで厚ぼったい。腹部もかなり伸びてきたが、ずいぶん太い。

すっかりトンボらしくなったが、まだ、翅を重ね合わせた状態。

翅を左右に開く。これで羽化は完了。朝になれば元気に飛んでゆくことだろう。

# 生き物とつき合うための七つ道具

農家の仕事の場である田んぼ。そこに暮らす生き物と接するには、特別な道具などなくても大丈夫。でも、ちょっとした工夫と小道具があれば、より深く彼らとつき合うことができる。この機会に私の愛用の道具と、選ぶときのポイントを紹介しよう。

## 1―農への敬意

まずは遠い昔から我々の食生活を支えてきた「農」に対する敬意をもって、田んぼを眺めてみよう。急な斜面に築かれた棚田、整然と積まれた石垣、延々と続く水路などなど、農村には昔の人々の苦労と情熱が忍ばれるものがたくさんあり、それらは今も大切に受け継がれている。田んぼの生き物たちも、長らく農に寄り添いながら生きてきた。歴史の色濃く残った農村ほど、豊かな生命が息づいているものだ。

## 2―五感

田んぼに限らず、生き物とつき合うときには五感を最大限に活用しよう。小さな生き物を前にすると、どうしても視界は狭まりがちだが、常に広い視野を持つよう心がけたい。生き物だけでなく、田んぼをとりまく風景や、人々の暮らしにも目を向けたい。風や温度、湿度を膚《はだ》で感じ、虫や鳥の声に耳を傾ける。気になる植物は、臭いや味を確かめてみるといい。こうした経験の積み重ねは、生き物たちへの理解を深める。

## 3―ルーペ、双眼鏡

我々の視覚を補助してくれるのが光学製品。小さな生き物を見るにはルーペが必要。私は4倍程度の折り畳み式のルーペをもち歩く。小昆虫の名前を調べるときには15倍のルーペ、さらに精密な観察には双眼実体顕微鏡を使う。ニコンからは手頃な実体顕微鏡が発売されて、これを使えば手軽にミクロの世界をのぞくことができる。鳥を見るには双眼鏡が必需品。最近は2m程度の近距離からピントの合う製品も多く、虫や植物を見るのにもよい。双眼鏡は8倍程度の倍率が使いやすい。これら光学製品は値段もいろいろだが、大切にすれば長く使えるものなので、奮発していいものを買うことをお勧めしたい。水中をのぞくときには偏光サングラスが活躍する。

## 4―網

昆虫採集用の網は100円ショップでも手に入るが、専門店で売られているものなら何年も使え、虫捕りの効率も格段にアップする。スプリング式と呼ばれるタイプは、かんたんに小さく折り畳むことができて便利。直径は40cm程度、白いナイロンネットがお勧め。水中用の「たも網」は、釣り具店に行けば頑丈なものが手に入る。田んぼではD字型の小さめのものが使いやすい。先端部の網は簡単に擦り切れてしまうので、この部分が補強されたものを選ぶとよい。小さな生き物をすくうには鑑賞魚用の掌サイズのネット、さらに小さな生き物には茶漉しも使える。キッチン用品には虫捕りにも便利なものが多い。

### 5—容器

生き物を入れる容器はなんでもいい。私はジャムのビン、ペットボトル、チャックつきのビニール袋など、工夫しながらあれこれ使っている。理化学用品店などで手に入るスクリュー管と呼ばれる小瓶なら、中身がよく見え、各種サイズがそろっている。フタがルーペになった便利な容器もある。

蝶やトンボは紙にはさんだ状態で一時保管できる。これには三角紙と呼ばれるものが最適だが、必ずしも三角形である必要はない。私は適当な紙にはさんで開かないように周囲を折り曲げるだけ。必ず涼暗所に保管するのがポイント。

カエルはケースに入れると、なかで暴れて鼻先を傷めてしまう。それを防ぐために私は古い靴下を使う。しっかり濡らすと窒息してしまうので、軽く湿らせる程度でいい。口は必ず結んでおく。

なお、容器に生き物を入れるときは次の点に気をつける。

①—肉食性のものをほかの生き物といっしょにしない。

②—内部の温度上昇に気をつける(直射日光は厳禁)。

③—大形のものを長時間容器に入れるときは換気が必要。

必要以上に生き物を捕獲しない、なるべく早く解放してやる、という思いやりが何より大切。

### 6—ライト

田んぼの生き物には夜行性のものも少なくない。同じ生き物でも、昼と夜とではまったく違った表情を見せてくれたりもする。森や海辺などに比べ、田んぼは夜でも比較的安全なフィールドだ。ぜひ、夜の田んぼにも出かけてほしい。そのためにはライトが必要。昔ながらの懐中電燈でもいいけれど、最近はLEDを使ったものも安く買えるようになった。電池が長もちし、球切れの心配がないというメリットがあるのでお勧め。強力なものも売られているが、その分、電池の寿命が短く、生き物たちへの悪影響も心配される。ほどほどの明るさのものがいいだろう。不測の事態を考えて、予備の電池、ライトも準備しよう。

夜の田んぼでは、昼間以上に地元の人に対する配慮が必要だ。余計な心配をかけてしまったり、場合によっては警察に通報されたりもするので、十分、気をつけよう。

### 7—服装

田んぼは農家の方々の日常生活の場だ。服装、装備は、農村で違和感のないものを選ぶのが第一のポイント。荷物も少ない方がいい。私の場合、背負うタイプのバッグは使わないようにし、両手とポケット、小さめのウェストバッグに収まる道具以外は持ち歩かないようにしている。足まわりはゴム長がいい。白い耐油タイプの長靴は夏でも快適で、経年劣化が少ないので丈夫だ。水辺ではタオルが必需品。私は白いタオルを持ち歩き、デジタルカメラのホワイトバランス調整にもこれを使う。暑い夏の日中は麦藁帽子が日射しを防いでくれる。

# ゲンゴロウは田んぼの虫のトップスター

「源五郎」という親しみやすい名前がつけられていることから、かつては馴染み深い昆虫であったことがうかがわれる。しかし、今ではなかなかお目にかかれない虫になってしまった。ゲンゴロウが暮らしてゆくには、餌となる生き物の豊かな田んぼ、柔らかい土の畦、秋冬を過ごすための自然度の高いため池が必要だ。

**優雅に泳ぐゲンゴロウ**
後ろ脚をオールのように使って泳ぐ姿はとても魅力的。緑がかった黒い体が独特の質感とボリューム感を醸し出す。体長34〜42mm。長野県7月

**畦の中の蛹**
農家にお願いして畦を削って土中の蛹《さなぎ》を撮影させていただいた。蛹室(蛹になるための空間)はきれいな球形。クリーム色の蛹は神聖な雰囲気をもつ。尾の先と頭だけを土につけ、体を浮かせる形で静止する。長野県8月

今や貴重な昆虫となってしまったゲンゴロウに出会うためには、まず、生息地を調べる必要がある。書物やインターネットの情報を駆使すれば、生息地にたどりつけるはず。7月ごろ、夜の田んぼを見て回ると、大きく成長した幼虫や成虫に出会うチャンスがある。また、初秋のため池には、羽化したばかりの新成虫を含め、田んぼから避難した成虫たちが集まっているので、それを狙うのもよい。

**⬆蛹化の近い幼虫**

十分成長した幼虫。体長は8cmほど。捕まえるとピンピン跳ねてもがくのだが、その動きは昆虫とは思えない。この筋力を使って蛹室をこしらえる。長野県7月

**⬇田んぼにて**

山間の棚田で見つけたゲンゴロウ。日中は物かげや泥の中に隠れていることが多いが、夜は活発に活動する。新潟県6月

# ゲンゴロウの仲間たち

田んぼではさまざまなゲンゴロウの仲間に出会うことができる。大きさでこそゲンゴロウにかなわないが、形、模様、それぞれに個性のある素敵な虫たちだ。そのうちのいくつかを紹介しよう。

この本では紹介できなかったが、田んぼではこれらのゲンゴロウ類のほか、ガムシ類、コガシラミズムシ類、ゾウムシ類などの水生甲虫(コウチュウ)に出会うことができる。小型の水生甲虫は、水中に目を凝らしてのぞいてみれば、簡単に見つけることができるはずだ。大型のものは畦際の草陰、浮き草の下に潜んでいることが多いので、こうした場所を網で泥ごとすくうとよい。

**チビゲンゴロウ**
2mmほどの小さなゲンゴロウ。まさにミジンコサイズだが、黄色と黒の緻密な模様をもつ。長野県5月

**コシマゲンゴロウ**
体長10mmほど。田んぼでもっとも普通に見られるゲンゴロウのひとつ。長野県6月

**ハイイロゲンゴロウ**
体長12mmほど。各地で見られるが、局所的に発生する傾向があるようだ。気性が荒く、いっしょに水槽に入れたほかの虫を激しく攻撃する。長野県7月

### マルガタゲンゴロウ

体長12mmほど。全体に丸みのある体形が特徴的。動作は比較的穏やか。肉眼ではよく見えないが、ルーペを使えば黒地に金の繊細な模様が背面(鞘翅《しょうし》)に見える。まるで工芸品のような美しさだ。長野県6月。

### シマゲンゴロウ

体長14mm。黒地に黄色の大胆な模様が印象的。ウミガメに似た体形はボリューム感に富む。滋賀県7月

### クロゲンゴロウ

体長23mmほど。全身ほぼまっ黒だが、体の後端近くに小さなオレンジ色の斑があって、これがなかなかオシャレ。長野県7月

# カエルの抱接《ほうせつ》はエネルギッシュ！

体外受精をおこなうカエルでは、オスがメスに抱きつくことを抱接と呼ぶ。繁殖期のオスは、産卵前のメスを見つけると後ろから抱きかかえて、産卵が終わるまでけっして放さない。

✴ 多くのカエルは、まず、オスが田んぼに現れて鳴きはじめ、メスは遅れてやってくる。いくらオスたちが賑やかに鳴いている田んぼでも、メスが産卵に来ない日には、抱接シーンを見るのはむずかしい。メスの活動は、湿度の高い、暖かい夜に活発になる傾向があり、そんな夜は農道のそこここで移動するカエルに出くわすもの。抱接、産卵シーンに出会えるチャンスだ。

**シュレーゲルアオガエル**
抱接は夜間に見られることが多いが、日中、抱接したシュレーゲルアオガエルのペアが田んぼに現れた。メスはオスを背負ったまま歩き回って産卵場所を探す。
愛知県5月

**ツチガエル**

田んぼやため池で繁殖するツチガエル。繁殖期は比較的長く、夏になっても抱接するものが見られる。この時期に田んぼで産卵してしまうと、オタマジャクシが十分成長しないうちに水を抜かれてしまうだろう。長野県7月

**ヒキガエル**

春早い休耕田で繰り広げられるカエル合戦。抱接中のペアにしばしばほかのオスが抱きついてくる。邪魔者は簡単に蹴散らされてしまうのだが、その騒ぎに何匹もオスが集まって大混乱になる。愛知県3月

**ヤマアカガエル(オス♂)**
**×**
**シュレーゲルアオガエル(メス♀)**

繁殖期のオスは、動くものに反応してまずは抱きついてみる。通常、同種のメス以外だとすぐに腕を離すのだが、ときに、間違った相手を抱きかかえてしまうこともある。長野県5月

**アマガエル(オス♂)**
**×**
**ヤマアカガエル(メス♀)**

ずいぶんバランスの悪い取り合わせだが、こうなると、なかなか解放してもらえない。オスの力があまりにも強いと、メスが絞め殺されてしまうこともあるらしい。長野県4月

# カエルの産卵の決定的瞬間

カエルたちにとってもっとも大切なイベントである産卵。アカガエルやヒキガエルのように集団で産卵するものはその場面を観察しやすいが、それ以外のカエルの産卵シーンにはなかなか巡りあえない。産卵しそうな抱接ペアを見つけたら、灯を暗くして静かに待つのが観察のコツだ。

カエルは抱接したまま広い範囲を移動し、ここぞという場所を見つけて、ようやく産卵をはじめる。抱接したペアを見つけても、最後まで追い続けるのはむずかしい。産卵の近いメスは、なんとなく落ち着かない様子を見せるものなので、産卵シーンに出会うには、ひとつのペアを長時間追跡するより、たくさんのペアのなかから産卵の近そうなペアを探し出す方が近道となる。

**⬆ヒキガエル**
休耕田での産卵。干上がってしまう危険を避けるために、より深い場所が選ばれる。そのため、何組ものペアがいっしょに産卵することもしばしば。ひも状の卵塊がヒキガエルの特徴。愛知県3月

**⬇ニホンアカガエル**
産んだばかりの卵は黒い粒の塊。それぞれの粒のまわりの物質が水を吸収してどんどん膨らみ、ゼリー状のカプセルとなる。愛知県2月

**アマガエル**

アマガエルの産卵は瞬間技だ。メスが一瞬、水面上にお尻を突き出したかと思うと、すぐに抱接したまま数メートル泳いでゆく。この一瞬のうちに数粒から十数粒の卵が産み落とされる。アマガエルのペアは、これを繰り返しながら自分たちの卵を分散させる。長野県7月

**シュレーゲルアオガエル**

奇妙な姿勢のシュレーゲルアオガエルを畦に見つけた。よく見れば背中にはオスが抱きついている。大急ぎで撮影開始。土の中からはシャカシャカと粘液を脚でかきまわす音が聞こえてくる。カエルの後方には土中の白い泡の一部も見えている。産卵終了後、土の中からはもう一匹のオスが出てきた。長野県6月

# カエルの卵のいろいろ

アカガエルやヒキガエルの卵は、春先に山沿いの湿田などに出かければ、比較的簡単に見つけることができる。そのほかのカエルでは、親やオタマジャクシに比べ、卵を見つけられる機会は意外に少ない。水温の高い時期に産卵されたものは、卵の発育が急速に進み、卵塊もすぐに分解してしまう。

**⬆ニホンアカガエル**
早春の田んぼの卵塊。こうした場所は、凍結や乾燥の危険と隣り合わせ。ヤマアカガエルの卵とよく似ているが、産んだばかりなら、卵塊が崩れにくいことでおおよそ区別できる。愛知県2月

**⬆トノサマガエル**
アカガエル類の卵塊に似ているが、粘り気が少なく、卵の裏側が白っぽいことで見分けられる。水温が高い時期は、あっという間に卵発生が進んで、卵塊はすぐに溶けてしまう。長野県5月

**ダルマガエル**
トノサマガエルとは違い、卵は小分けして産みつけられる。卵塊には強い粘り気があって水草などにからみつく。滋賀県7月

### モリアオガエル

畦の水際にモリアオガエルの卵塊があった。シュレーゲルの卵塊よりはるかに大きく、時間の経過した卵塊は表面が硬化するのが特徴。新潟県5月

### シュレーゲルアオガエル

土中に隠されていることの多い卵塊だが、畦の作業などによって露わになってしまったものを見ることがある。クリーム色の粒が卵。このように水に浸かってしまったものは、うまく育つことができない。
新潟県5月

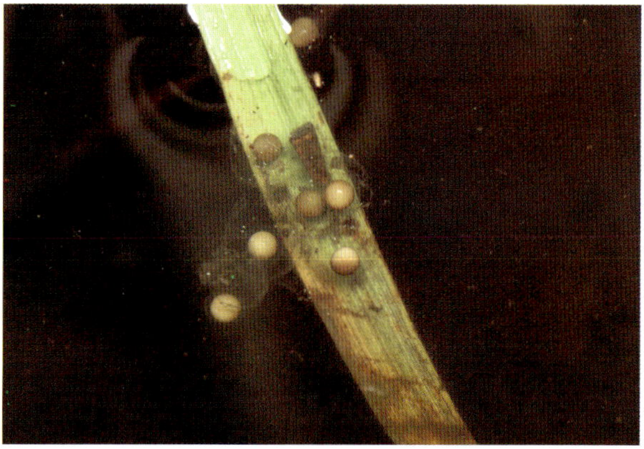

### アマガエル

体の小さなアマガエルは、卵も極小サイズ。直径わずか1.5mmほどなので、目を凝らさないとなかなか見つからない。長野県6月

# 夏

稲はどんどん株を増やして田んぼは緑の海となる。
やがていっせいに穂を出し花を咲かせ、
受粉した籾《もみ》(皮のついた米粒)は日ごとに太ってゆく。
夏には、いったん田んぼから水が抜かれることが多い。
これは水中の生き物たちにとっては生死を分ける一大事。
運悪く生き残れないものも少なくない。
カエルの声は消えゆき、
かわりに虫たちの声が夜の田んぼを包み込む。

**ノシメトンボ**
夏の田んぼはトンボたちの天下。ユスリカなどの小さな虫をどんどん食べて体を成熟させてゆく。
長野県8月

夏になると、稲の間に生育する植物たちが花をつけはじめる。農家にとっては憎きこれらの水田雑草にも、味わい深い花をつけるものが多い。畦の花々には一時ほどの賑やかさはないものの、夏空の下、魅力的な姿で虫を誘う。

# 夏の花

真夏の田んぼは花より緑ばかりが目立つもの。とはいえ、そこここに季節の花を見ることができる。水田雑草と呼ばれる、田んぼの中に生育する植物が花を咲かせはじめる時期だ。稲の葉陰をのぞいてみると、そんな花々に出会うことができる。ツユクサ、コナギ、ミズオオバコなど、寿命の短い花も少なくない。涼しい、朝のうちに出かけてみよう。

### ネジバナ

やや乾燥した畦を彩るおしゃれな花。ランの一種だ。茎のまわりに螺旋を描きながら小さなピンクの花が咲き並ぶのだが、右巻きと左巻きがあっておもしろい。新潟県7月

ヒルガオ

名前は昼顔だが、早朝から花を咲かせる。畑では駆除のむずかしい雑草として悪者扱いされるが、アサガオにも負けない立派な花を咲かせる。長野県7月

ニガナ

畦を黄色く染めてニガナが咲く。キツネノボタンやウマノアシガタなど、畦には黄色い花がよく似合う。新潟県7月

**ヤブカンゾウ**

春に広げたヤブカンゾウの葉は梅雨時には刈られてしまうが、夏になると花茎をすくすく伸ばし、大きな花を咲かせる。夏空に映える花だ。長野県7月

**オトギリソウ**

稲が茂って日射しの遮られた畦では、やや小振りな植物たちが葉陰でひっそり花を咲かせる。
新潟県7月

# 夏の日射しのなかで

**アゼムシロ**

別名ミゾカクシ。キキョウの仲間だが左右対称の特徴的な花をつける。名前のとおり畦でよく見られ、草間に茎をはわせながら増えてゆく。
新潟県7月

### キュウリグサ

妙な名前の植物だが、水色に黄色のアクセントの利いたかわいい花を湿った畦に咲かせる。有名なワスレナグサの仲間だが、花はずっと小さくて直径3mmほど。くるくると巻いた茎の先もかわいらしい。長野県7月

### ホソバヒメミソハギ

ときに米の収量にも影響をおよぼす水田雑草。アメリカ大陸原産の外来植物。ややひかえめなピンクの花をつける。長野県8月

## コバギボウシ

畦などに咲くギボウシの仲間で、草刈りにも比較的強く、毎年同じ場所で花を咲かせる。ナツアカネが翅を休め、ナナフシがぶら下がる(どこにいるかわかりますか?)。長野県8月

# 色とりどりの花たち

## セリ

セリの花が一面に咲いた休耕田。こうした場所は、田んぼから水が抜かれた時の水性昆虫の避難所となるので、虫を探すときにはひとつの狙い目となる。長野県7月

**ツユクサ**

夏から秋にかけて、畦や路傍を鮮やかに飾るツユクサの花。青い花弁だけでなく、黄色い雄しべの造形にもぜひ目を向けたい。長野県8月

**ヒメクグ**

田んぼや水路などの湿った場所に見られる。まん丸に集まった花と、その付け根からすっと伸びる葉っぱとの取り合わせがおもしろい。長野県8月

**コナギ**

しばしば田んぼにはびこって、大きな被害をもたらす水田雑草の代表格。太古の昔から農家を苦しめてきた植物だが、憎らしいほど清楚な花をつける。ひとつひとつの花は短命で半日ほどでしおれてしまう。
新潟県7月

**オモダカ**

これも水田で見かけることの多い雑草。種と球根の両方で増えるなかなかの厄介者だ。三角形に尖る特徴的な葉をもち、白くかわいい花をつける。長野県7月

**バイカモ**

澄んだ流水中に生育する水草。水面上に涼しげな花を咲かせる。かつては田んぼの近くで普通に見られたが、水路の改修によって姿を消しつつある。長野県8月

# 稲穂の陰に咲く花々

**ミズオオバコ**

湿田やため池で淡いピンクの優しい花を咲かせる。かつてはありふれた植物だったが、圃場整備などの影響で限られた場所でしか見られなくなってしまった。まわりに浮いているのはサンショウモ。長野県8月

# 水面に浮かぶ植物たち

こうした植物は不思議なほど田んぼごとの種構成が異なるもの。また、同じ田んぼでも、年によって種構成や量が変化するので興味深い。いろんな田んぼを比べてみるのもおもしろいだろう。

### 浮き草たち

ウキクサ（大きい丸い葉）、アオウキクサ（小さい丸い葉）、イチョウウキゴケ（扇子型の葉）、サンショウモが田んぼの水面を覆う。似たような生活形の植物たちがこうして共存できるのも、田んぼならではのことだろう。長野県7月

### デンジソウ

4つ葉のクローバーのようなこの植物はシダの仲間。水深のある場所では葉を水面に浮かべる。その様子が「田」の字に見えるのでこの名がついた。これも今では貴重な植物。
福井県7月

### オオアカウキクサ

これもシダの仲間。ひとまわり小振りなアカウキクサとともに、姿を見ることが少なくなった地域がある一方、近年、外来の系統のものが持ち込まれ、各地で定着している。
茨城県3月

### アオウキクサ

夏に小さいながらも花を咲かせて種をつける。葉の脇から上向きに突き出た棒状のものが花。長さはわずか1.5mmほどの極小サイズ。
長野県8月

百姓仕事から見えてくる風景──❷

# 田んぼが育む「音風景」

春、田んぼで代掻《しろか》きがはじまる。水に誘われるように、田んぼの生き物たちも日に日に集まってくる。田まわりや仕事の合間に、姿をひとつひとつ確かめる楽しさ。私の田んぼでは、5種のカエルが季節のパートを鳴き分け、季節の移ろいを伝えてくれる。

はじめは3月末の春を促すような雨の夜、田んぼの水たまりへ産卵に集まってくるヤマアカガエル。このときに群れて鳴き交わすやさしい声を、そっと探しに行く。お次はシュレーゲルアオガエルだ。サクラ咲く4月中ごろ、はじめてそのコロロロ……と美しい声に気がつく。そして田に水が入りはじめる4月末、アマガエルが鳴きはじめる。日を追って合唱は大きくなり、夜の田んぼはアマガエルの大合唱に、シュレーゲルアオガエルのアクセントが響く。暗闇と大音響に包まれ、しばし我を忘れる。植え代掻きがすんだ5月中ごろ、トウキョウダルマガエルが声を掛け合うように鳴きはじめる。田植えが終わり稲が根づいた6月はじめ、最後にツチガエルの唸るような声が聞こえてくる。夏へと季節は移り、稲がすくすく伸びていく。

田んぼが育むカエルたちの営み。それは「音風景」として私たちのこころに届く。こころの風景になれば、生きる力をくれる大切なものとなる。

先に挙げたシュレーゲルアオガエルは、田んぼの生き物を学ぶなかで、その名前と姿を知った。鳴き声もそれまで耳に入っていたはずだが、はじめて認識した。意識しないと聞こえないことに驚いた。そして、私の春の田んぼの「音風景」は広がりと深みを増した。

すっかり気に入ったこのカエルだが、「シュレーゲル」ってなんだろう。外来種か、いや在来種とのこと。インターネットなどで検索してみると、それは西洋の学者名だった。19世紀のドイツの生物学者で、あのシーボルトが収集した日本の動物を研究し、アカハライモリ、アオダイショウ、ヤマカガシ、ニホンマムシなどを「新種」として記載した人物だ。興味深い背景だが、「シュレーゲル青蛙」と和名に冠されているのは、「発見」されるまでさほど日本人に認識されていなかったからなのだろうか?

このカエル、声はよく聞けても、田んぼでは畦際の窪みなどに潜んで、見つけにくい。しかし、畦の手入れや代掻きの際に、目にする機会は少なくない。その愛嬌のあること。また、畦の窪みなどに、泡に包まれた卵塊を産む。春、百姓だけが出会う確率は高い。

もしも、「畦青蛙《アゼアオガエル》」などという名だったら、田んぼのカエルとして眼差しが向けられていたかもしれないと、想像してしまう。

立川直樹(専業農家)

## 08［中干《なかぼ》し］

稲の生育中期（出穂期の前）に田んぼからいったん水を抜く技術。根を丈夫にして倒伏を防ぐ効果があるほか、分けつ（稲の株分かれ）を制限するためにおこなわれることもある。中干しの程度は地域や栽培法によってさまざまで、まったくおこなわない田んぼもある。水生生物にとっては中干しは大事件。魚や上陸前のオタマジャクシ、羽化前のヤゴにとっては致命的となる。稲は穂を形成する時期にたくさんの水を必要とするので、中干し後、再び田んぼに水が入れられる。

## 09［ぬるみ］［温水田《おんすいでん》］［温水路《おんすいろ》］

冷たい水は稲の生育に好ましくない。そのため、寒冷地では田んぼに入れる前の水を稲を植えない部分や水路を経由させることで温める工夫がなされる。これらを「ぬるみ」などと呼ぶ。こうした場所は水生生物の生息地となっており、渇水期の避難場所としても重要な役割を果たす。

## 10［ため池］

主に田んぼの水を確保するために作られた人工の池。現在も無数のため池が各地で大切に利用されているが、大規模な用水事業により不要となり、埋め立てられてしまったものも多い。ため池はたくさんの水生生物を育み、人々の遊び場、憩いの場として機能してきたが、近年はコンクリートで固められた殺風景なため池も少なくない。

## 11［有機農法《ゆうきのうほう》］［有機栽培］

化学物質を使わず、有機物を循環させることによって土壌本来の生産力を発揮させる農法。農業の近代化への反省を軸に、流通や暮らしの問題まで含めた社会運動として発展してきた歴史がある。有機農法による生産物が高い付加価値をもつことから、現在、「有機」と表示される商品にはJAS法によって詳細な取り決めがなされている。

## 12［慣行農法《かんこうのうほう》］［慣行栽培］

現在、一般的におこなわれている農法で化学肥料や除草剤などを利用し、経済的な生産性を最優先する栽培方法。雑草がほとんどはえない田んぼとなることが多いが、なかには生き物が豊かに暮らす田んぼもある。周辺の環境や生き物への配慮次第では、動植物で賑わう田んぼにもなりうるのだ。

# 夏の田んぼでのんびり暮らす鳥たち

多くの鳥たちは繁殖期を終え、夏にはひっそり過ごすものが多い。田んぼの周辺なら食料も豊富。穏やかに暮らすにはもってこいの場所なのだ。

**チュウサギ**

真夏の田んぼで立派なドジョウを捕らえた。近くの農家にこの話をしたところ「昔はここらへんにもドジョウがいたけどねえ」。サギたちはドジョウが戻ってきたことをちゃんと知っている。長野県7月

### キセキレイ
山間の田んぼで見かけることが多い。田んぼの脇の小屋に巣があるらしく、近づいても飛び立たず、こちらをじっと見ていた。お腹の黄色が鮮やか。長野県4月

### キジ
いつでも身を隠すことのできる畦はキジたちのお気に入りの場所。草刈中にキジの巣を見つけたという話をよく耳にする。声を張り上げて縄張りを宣言。新潟県7月

### オシドリ
深い森の樹洞などで繁殖するオシドリだが、夏には田んぼもしばしば利用する。この時期は羽色も地味なので気づく人も少ないが、大好きなユスリカなどを目当てに遠くからも通ってくるらしい。新潟県7月

### トノサマガエルを捕らえた

カラスくらいの大きさのタカ。猛禽類らしい鋭い目つきが印象的。土手でカエルを捕らえ、雛の待つ巣へと運んでいった。新潟県6月

### 畦から飛び立つ

いわゆる里山に暮らすタカで、杉の木立などに巣を作る。主な狩り場は水田の周辺。雛を育てるためにはたくさんの獲物が必要だ。新潟県6月

サシバは夏の田んぼの猛禽類だ。東南アジアなどで越冬していたサシバは4月ごろに繁殖地に帰ってきて、カエルやトカゲ、昆虫などを捕らえて子育てをする。林と水田とが入り組んだ「谷地田《やちだ》」と呼ばれる環境が主な生息地だ。こうした場所の開発や荒廃によってサシバも減少傾向にある。

# サシバは田んぼに生きるタカ

サシバは声を聞く機会が比較的多いタカだ。「キンミー、キンミー」とかん高い特徴的な鳴き方をする。とくに、4月のはじめごろなどは、鳴きながら飛び回ったりするので、その声をたよりに探してみるとよい。秋の渡りの時期(9月中旬〜10月初旬)には、ふだんは姿を見ることのない地域でも、移動中の個体を見るチャンスがある。各地にサシバの渡りの名所があり、そんな場所ではサシバの大集団を見ることもできる。

**獲物を探す**
見晴らしのよい木の枝や電柱にとまって獲物を探し、見つけた獲物に向かって降下して襲いかかるのがサシバの狩り。新潟県6月

水性昆虫のなかではとりわけ大きなタガメ。かつては、各地の田んぼやため池でごく普通に見られたが、私の住む長野県ではとうに絶滅してしまった。長らく憧れの虫のひとつだったが、地元の博物館で展示したタガメを借りて繁殖させる機会に恵まれた。飼育してみると、幼虫が育つには大量の生き餌を必要とされ、水質の悪化に敏感な虫であることがよくわかった。

# 田んぼの王者! タガメ

こんなに大きな水生昆虫だが、姿を見るのは簡単ではない。

- 夜、光にひき寄せられる性質があるので、街灯に飛んできた成虫を狙う。
- 卵やそれを保護する親を探す。とくに卵は孵化後も殻が残るので生息地を見つけるのに有効。
- 数も多く、水面近くにいることの多い若齢幼虫を探す。
- 水面に浮いた幼虫の脱皮殻を探す。

といった方法で見つけることができる。

**卵を保護するオス**

ため池に倒れ込んだ枯れ木の枝に、卵を保護するオスを見つけた。オスは幼虫が孵化してくるまで、外敵や乾燥から卵を守る。愛知県7月

**いっせいに孵化する**

タガメの幼虫はいっせいに孵化する。にゅるにゅるとトコロテンのように出てくるのがおもしろい。孵化したばかりの幼虫は鮮やかな黄色。飼育個体7月

**オタマジャクシを捕食する1齢幼虫**

1齢幼虫は美しい縞模様をもつ。獲物に消化液を注入しながら吸収し、最後は皮だけが残る。かなりの大食漢なので、生き物の豊富な環境でなければこの虫は育っていけない。飼育個体7月

**羽化直後の神秘的な色**

ほかの虫たちに比べれば、幼虫でもずいぶん大きいのだが、羽化してきた成虫はさらに巨大で体長は65mmに達する。羽化したばかりの昆虫はどれも神秘的な色をしているが、タガメのこの色はとくに印象的だった。飼育個体9月

# 籾《もみ》を狙うカメムシたち

夏になると、稲の葉や茎にたくさんの昆虫が見られるようになる。葉を食害するものや、茎から養分を吸収する虫も少なくない。稲穂が伸びてくるころには栄養分豊富な籾(発育中の米)を狙ってさまざまなカメムシが田んぼにやってくる。害虫として、駆除の対象とされるものも多い。

カメムシ、ウンカ、ヨコバイなどは、捕虫網で稲の葉先や穂をすくうスイーピングと呼ばれる方法で簡単に集めることができる。クモやユスリカ、小型のハチなど、たくさんの昆虫がいっしょに捕れるはずだ。田んぼの豊かさを実感できる方法なので、ぜひ、試してほしい。同じ方法で畦と田んぼを比較してみるのもおもしろい。

**ベッコウハゴロモ**

ベッコウハゴロモが朝露に濡れていた。田んぼでもしばしば見られるが、果樹園で大発生して作物に被害をおよぼすことのある虫だ。体長9〜11mm。長野県7月

**セジロウンカ**

水田害虫の代表がウンカの仲間。江戸時代には大発生して飢饉をもたらしたこともある。日本で冬を越せないこの虫は、毎年、偏西風に乗って大陸から飛来する。体長4〜4.5mm。滋賀県7月

**マルアワフキ**

畦や路傍のイネ科植物でよく目にする、丸っこい、かわいい虫。田んぼで大発生して稲を弱らせてしまうこともある。体長8〜9mm。
長野県7月

**モンキアワフキ**

草むらなどでよく見かける虫。田んぼでもしばしば目にするが、被害をおよぼすことはないようだ。体長13〜14mm。長野県10月

**アオクチブトカメムシ**

肉食性のカメムシで、芋虫などの体液を吸って暮らしている。赤銅色を帯びた金属光沢のある緑色が美しい。体長22mm。長野県8月

**ナカグロカスミカメ**

イネ科植物を好むカメムシだが、田んぼより畦で目にすることが多い。カスミカメ(かつてメクラガメと呼ばれた)の仲間には多くの種類があり、美しいものもたくさんいる。体長7.5〜9mm。長野県6月

**クモヘリカメムシ**

脚の長いスマートなカメムシ。みごとなプロポーションと、きびきびした動きに好感の持てる虫。ただし、これも大発生して害虫となることがある。体長15〜17mm。滋賀県7月

**アカハネナガウンカ**

体長4mmほどの小さな虫だが、オレンジ色の体がよく目立つ。ウンカと名がついているが、害虫として有名なウンカとは別のグループに属する。イネ科植物を好むが、稲を弱らせるほどの悪さはしないようだ。長野県8月

**イネカメムシ**

名前のとおり、稲によくつくカメムシ。ときに大発生して被害を出す。暖かい地方に多い種だ。体長12〜13mm。愛知県10月

**アカスジカメムシ**
畦に生えるヤブジラミやセリなど、セリ科植物を好む美しいカメムシ。ニンジン畑でもよく目にする。体長10～12mm。長野県6月

# 美しきカメムシ

**⬆トゲカメムシ**
田んぼに多いカメムシ。稲穂から養分を吸うので害虫とされる。背中の両側にトゲ状の突起をもつ。体長8～11mm。長野県8月

**ツノアオカメムシ**
林に近い田んぼで目にすることの多い美しいカメムシ。樹上で生活しているものが何かの拍子に飛んでくるようだ。メタリックな色と、背中の角がかっこいい。体長20mm。長野県10月

# 田んぼの蝶と蛾

田んぼには蝶や蛾の仲間もたくさん訪れる。なかにはイチモンジセセリのように稲の葉を食害するものもあるが、その大半は、幼虫が畦の植物で育ったり、花の蜜を目当てに飛来する虫たちだ。

蝶に比べ、地味な印象の蛾の仲間。田んぼには害虫とされる蛾ももちろんいるが、稲とは無関係の蛾がたくさんいる。とくに、豊かな植物相をもつ畦には蛾も多い。蛾の美しさには蝶とはひと味違った深みがある。ぜひ、じっくり見てほしい生き物のひとつだ。

**ヒメアカタテハ**

幼虫がハハコグサやヨモギを食べて育つので、田んぼで見かけることの多い蝶のひとつ。オスはお気に入りの場所にとまって、近くを通りかかるほかの蝶を追い飛ばす。開張55mm。新潟県7月

**マドガ**

昼行性の小さな蛾。一見、黒っぽい地味な印象だが、よく見ると和風のしゃれた模様をまとっている。開張14〜17mm。長野県5月

**←クロハネシロヒゲナガ**

その名のとおり触角の長い蛾の一種。春先の畦でよく見かける。長い触角を揺らしながら飛ぶ姿はちょっと滑稽。開張15mm。
長野県5月

**↓ウスバシロチョウ**

初夏に現れる蝶で、幼虫はムラサキケンマンなどを食べて育つ。畦に咲くさまざまな花の蜜を求めてやってくる。開張60mm。新潟県6月

# 豊かな植物が育む蝶と蛾

**イチモンジセセリ**

幼虫はイネツトムシと呼ばれ、稲の葉を筒状に巻いて巣を作る。大発生すると被害をもたらす。成虫はさまざまな花の蜜を吸う。開張35mm。愛知県10月

**ミヤマカラスアゲハ**

農道に舞い降りて地面をなめていた。こうした未舗装の農道の周辺では昆虫が豊富だが、道路が舗装された途端に虫が減ってしまうのを何度か経験した。開張85〜130mm。新潟県7月

ベニシジミ

畦のスイバやギシギシなどで育つ蝶。田んぼでもっともよく見る蝶のひとつ。シロツメクサなどの花をよく訪れる。開張32mm。長野県8月

カノコガ

幼虫がスギナやタンポポ、スイバなどを食べる昼行性の蛾。白、黒、黄色の派手な模様をもつ。開張30～37mm。長野県8月

ヤマトシジミ

幼虫がカタバミを食べて育つ小さな蝶。畦に沿ってちらちら飛ぶ姿がかわいらしい。開張27mm。長野県8月

ヒメウラナミジャノメ

幼虫は各種のイネ科植物を食べ、田んぼでもよく見られる。ひょいひょいと上下に大きく揺れながら特徴的な飛び方をする。開張38mm。長野県8月

百姓仕事から見えてくる風景―③

# 田んぼからのおくりもの

「ほれ、おみやげ」と、早朝の田まわりから帰った母がくれたのは、蕗《フキ》の葉っぱの小さな包みだった。

そのころは、山すその藪の間を抜け、川の中を歩いて近道しても、3枚の田んぼの水見《みずみ》に小一時間かかったものである。

さっそく蕗の葉を結わえた草をほどくと、中にはみずみずしい木苺が黄色に光っていた。

寝ぼけまなこをこすりながら噛みしめる。美味しかったはずと思うのだけど、子ども心に残ったのは、味よりその鮮やかな色合いや、葉っぱにかすかに残る手のぬくもりだった。

長じてからは忘れていたこんな経験を思い出したのは、都会のビルの中で日々の仕事に苦闘していたころだった。仕事にやりがいはあったものの、人工物に囲まれて自分の生命力が徐々に磨り減ってゆくのを感じていた。

あまりにつらいときは、小さな虫になって落葉の中で眠り、鳥になってこずえの間を縫って飛んだ。もちろん想像の中ではあったけれど。

沢のしぶきに濡れたツリフネソウの匂いや、春の草の感触を思い出すだけで、ほかの何よりも慰められたものである。自分の内にある自然は、いつもおだやかに私を包み支えてくれていた。

やがて念願かない、ふるさとに帰って田畑を耕している。

木々や草や、虫も鳥も年々同じはずなのに、見れば見るほど美しいと新たに感動してしまう。

自然の息づかいをからだで感じながら働くことはうれしくて、それだけで幸せと思う気持ちはだんだん深まってゆくように思う。

百姓は豊かな仕事だ。

親に連れられて行った田んぼや続きの山で、遊んだり仕事をさせられたりするうち、いつの間にか身のまわりの生きものを感ずる心やセンスが育ったように思う。そう、あのときの蕗の包みにも、自然への感性の種が一粒入っていたに違いない。

できることなら、「木苺」と聞けば梅雨時の湿った空気を思い、「梅雨」と聞けば羽化したての赤トンボの透きとおった羽を思い浮かべるような、そんな感性の種を葉っぱにくるんで、子どもたちに贈りたいと思わずにおられないこのごろである。

小沢尚子（兼業農家）

## 13［稲刈《いねか》り］

稲作では収穫の際、穂だけでなく、葉を含めた地上部を根元を残してすべて刈り取る。背の高い植物に覆われていた田んぼは、稲刈りによって裸地へと環境が激変する。かつては鎌による手作業だったが、現在はコンバインなどの機械を使う。

## 14［ひこばえ］

稲刈り後に残された株から芽生えた植物体。近年、早生種の栽培が増えたことと、秋の気温上昇により、ひこばえの生育が旺盛になる傾向がある。晩秋にはひこばえが立派な穂をつけることも珍しくない。こうした「2番穂」はガンや、ハクチョウ、スズメなどの鳥に利用されている。

## 15［稲架掛《はさが》け］

稲刈り機で刈り取られた稲は茎葉とともに束ねられる。これを木材や竹で組んだ骨組み（稲架）に並べて吊し、自然乾燥させてから脱穀する。新潟県などではその柱に使うためのタモの木を畦に植え、独特の景観を作り出していた。稲架掛けしたお米は機械乾燥させたものよりおいしいともいわれる。稲架の並んだ風景は秋の風物だったが、コンバインの普及とともに少なくなってしまった。垂直に立てた棒に添わせて稲束を積み上げる方法をとる地方もある。

## 16［藁塚《わらづか》］

稲の収穫後、田に藁束を積み上げたもの。地方や藁の用途により形はさまざまで、地域ごとに呼び名も異なる。乾燥後、燃やして肥料としたり、縄の材料、畑や畜舎の敷き藁など、さまざまに利用されてきたが、近年、農村から姿を消しつつある。

## 17［圃場整備《ほじょうせいび》］［基盤整備］

区画を整理して個々の田んぼの面積を拡大し、乾田化することによって大型機械の利用や転作を容易にする事業。水路も改修されパイプライン化されることもしばしば。構造的に水生生物が住みにくくなるのはもちろん、表土の撹乱、埋め立てにより在来植物が絶えてしまい、後には帰化植物がはびこってしまうことが多い。近年、生き物に配慮したさまざまな工法が研究されているので、その成果に期待したい。

## 18［暗渠《あんきょ》］

排水のために水田の地下に設けられた水路。田んぼを素早く乾燥させることで大型機械の利用や転作を容易にする。暗渠を機能させるには、田んぼと排水路に大きな高低差を設ける必要があり、その結果、メダカやナマズなどの魚が田んぼと水路とを行き来できなくなってしまった。

田んぼのカエルは子だくさんな生き物で、数多くの卵を産む。オタマジャクシは、天敵に食べられたり、田んぼが干上がってしまったりと、さまざまな危険の中を生き抜かねばならない。運よく上陸できた子ガエルも常に天敵に狙われている。多くの肉食動物の命を支えることで、カエルは田んぼの生態系の中で大きな役割を果たしているとも考えられる。

# 田んぼで育つカエルたち

卵からオタマジャクシ、そして子ガエルへと変態していくカエルの成長の様子ほど観察しやすく、ドラマチックなものはない。卵から子ガエルの上陸までは飼育も簡単なので、家庭で楽しむのもいいだろう。ただし、子ガエルになってからは生き餌が必要。たちまち飼育がむずかしくなってしまう。

**ヤマアカガエルのオタマジャクシ**

田植え前に産みつけられた卵が順調に成長し、おびただしい数のオタマジャクシになった。これほどのたくさんの命を支えられるのが、田んぼのスゴイところだと思う。長野県6月

**手足のはえたアマガエル**

アマガエルのオタマジャクシは親のサイズの割に大きく育つ。しっかり成長して手足がはえそろった。この後、急速に尾が消え、いよいよ上陸だ。新潟県7月

**上陸間近なヤマアカガエル**

すっかりカエルの形になったヤマアカガエルの子どもたち。畦際にずらりと並んで上陸の機会をうかがう。長野県6月

**側溝に落ちてしまったダルマガエル**

めでたく上陸できたと思ったのに側溝の中に落ちてしまった。手足に吸盤をもつアマガエルやアオガエルなら楽々乗り越えられるが、ダルマガエルにとっては大きな壁。運よく脱出できればよいのだが。滋賀県7月

# 子蛙たちに試練は続く

**上陸したトノサマガエル**

カエルの上陸シーズンは、田んぼから水を抜く時期と重なることが多い。何とか間に合ったトノサマガエルたち。この後もまだまだ試練は続く。新潟県7月

**ヤマアカガエル**

上陸したばかりのヤマアカガエル。力いっぱいジャンプしてネジバナの茎にしがみついた。子どもながら、何とも凛々しい表情だ。新潟県7月

**チョウトンボ**

休耕田にたくさんのチョウトンボが群れていた。風にのってゆらゆら飛ぶ姿に、つい見とれてしまう。体長41～47mm。愛知県7月

**ナツアカネ**

畦のハハコグサでひと休み。アキアカネによく似ているが、胸の模様で区別ができる。アキアカネよりやや早く成熟する傾向がある。体長35～40mm。新潟県7月

# 夏のトンボ

強い日射しにはトンボがよく似合う。時折、トンボの楽園のような田んぼに行き着くことがある。縄張り意識の強いオスたちが、あっちでもこっちでもガシャガシャと音を立ててからみ合う。青いトンボ、赤いトンボ、イトトンボにヤンマたち、さまざまなトンボが飛び交うすばらしい光景だ。

✴トンボの活動が活発になるのは、暑い日中だ。トンボで賑わう田んぼを楽しむには暑いさなかに出かけるといい。朝早く出かければ、羽化のシーンや、羽化直後のみずみずしいトンボに出会えるだろう。ヤンマのなかには夕方に活発に活動するものもいる。夕暮れ時、上空を見上げるとたくさんのヤンマが飛び交っていたりする。

**群れ飛ぶウスバキトンボ**
南方からの低気圧が通過した翌日、おびただしい数のウスバキトンボが田んぼの上を飛び交っていた。遠い国から飛んできたのだろうか。この日はあちこちでこんな光景が見られた。長野県7月

# シオカラトンボの仲間

### コフキトンボ

シオカラトンボに似ているが、やや小柄なトンボ。畦道を腹ばいになって接近しつつ撮影した。幸い、誰にも見られずほっとする。体長38〜48mm。新潟県7月

### オオシオカラトンボ

ずしりとした重量感をもつトンボ。シオカラトンボより大柄で色も鮮やか。真夏を感じさせる虫のひとつだ。体長51〜61mm。新潟県7月

**シオカラトンボ**

トンボのなかでももっとも馴染み深いもののひとつがこのシオカラトンボ。早朝、朝露に濡れた草むらで休んでいた。体長48〜57mm。長野県8月

**ムギワラトンボ**

こちらはシオカラトンボのメス。雌雄で別々の名前をつけてもらえるのは身近なトンボである証拠。長野県8月

ミヤマアカネ

翅に特徴的な帯をもつミヤマアカネ。翅脈まで赤く染まった成熟個体は息をのむほど美しい。幼虫は緩やかな流れのなかで育つ。体長32〜38mm。長野県7月

# 田んぼを賑わすトンボたち

オツネントンボ(左)とオオアオイトトンボ

2種のイトトンボが仲よく並んでいたので記念撮影。どちらもこの田んぼで育って羽化したものだろう。体長オツネントンボ35mm、オオアオイトトンボ46mm。長野県8月

**ショウジョウトンボ**

田んぼの脇に立てられた竹竿にとまったショウジョウトンボ。傾いた夏の日射しを背中に浴びる。体長41～53mm。長野県7月

# 田んぼは素敵な昆虫館

田んぼではさまざまな昆虫を目にするが、十分な光が降り注ぐ中、視覚に訴えようと、色や形にメッセージをこめた虫が多いようだ。その姿は、私たちの目を楽しませてくれる。

夏の田んぼでは、稲の背丈が、ちょうど我々の視線の高さになるためか、近くの林や、川、ため池などからたまたまやってきた虫も含めて、たくさんの昆虫が目に入ってくる。普段、森の中でもなかなか見つからないような虫が、ひょっこり稲の葉先にとまっていたりする。そんな偶然の出会いも含めて、いろんな虫を見てみよう。明るい葉先、薄暗くなった根元近く、湿った地表、それぞれにいろんな虫の姿があるはずだ。

**キバネツノトンボ**

トンボという名前がついているが、ウスバカゲロウに近い昆虫。外来植物の少ない昔ながらの草地で見られることが多い。黄色と黒の模様が美しい翅で、はらはらと不器用そうに飛ぶ。開帳52mm。長野県5月

**シリアゲムシ**

尻(腹部の先端)が上向きに曲がっているのでこの名をもつ。恐ろしい顔つきをしているが、見かけのとおりほかの昆虫を襲って食べる。開帳41～47mm。長野県8月

**コガタノミズアブ**

黄緑色の美しいアブの一種。幼虫は水の中で暮らし、成虫、幼虫とも、田んぼで見られる。農薬に弱い虫らしい。体長約9mm。長野県6月

**豊年俵《ほうねんだわら》**

稲の葉にぶらさがっているのは、ホウネンダワラチビアメバチという小さな蜂の繭。見つけてうれしい自然の造形物だ。この幼虫は稲青虫《いねあおむし》(フタオビコヤガの幼虫)と呼ばれる害虫を食べて育つ。繭の長さ6〜7mm。長野県7月

**ヘラオモダカの花を訪れたヒラタアブの一種**

田んぼや畦では数多くのアブの仲間が暮らしている。花に来るもの、ほかの虫を襲うものなど、生活のタイプもさまざまだ。体長8mm。長野県7月

**イナゴの一種**

漢字で書けば「稲子」。かつては農村の人々にとって大切なタンパク源だった。イナゴが田んぼからすっかり姿を消してしまった時期もあったが、最近、復活してきたという話をよく耳にする。うれしいことだ。体長約30mm。長野県10月

# どこかひょうきんなバッタの仲間

**ツマグロイナゴモドキ**

黄緑の体に翅の先に黒いアクセントのある、おしゃれなバッタ。田んぼでよく見られるが分布はやや局所的。ツマグロイナゴとも呼ばれる。体長30〜45mm。長野県7月

**オンブバッタ**

田んぼや原っぱでよく見られるバッタだが、なぜかオスがメスの上に乗っていることが多い。単に交尾をしているだけではなさそうだ。体長オス25mm、メス42mm。
長野県8月

**ハネナガヒシバッタ**

田んぼや畦でよく見かけるヒシバッタの一種。比較的湿った場所を好むようだ。目玉の突き出た顔がおもしろい。この仲間は種類が多く分類がむずかしい。体長20mm。
長野県7月

**ケラ**

モグラのように土にトンネルを掘って暮らす、独自の進化をとげたバッタの仲間。田んぼの周辺に多く、春、代掻きをすると土の中からたくさんのケラが出てくる。体長30mm。長野県6月

**コカマキリ**

茶色っぽい小柄なカマキリ。カマキリの仲間は顔の表情が豊か。我々と同じように視覚に頼って生きているので、表情に相通じるものがあるのだろう。体長45～65mm。長野県10月

# 田んぼのハンター　カマキリ

**カマキリ**

稲刈りの終わった田んぼ。稲架木《はさぎ》(刈った稲を乾燥させる木組み)の上をカマキリが歩いていた。稲が刈られた後は獲物が少なく、彼らのハンティングもままならないはず。そろそろ産卵の季節。もうひとがんばりだ。体長60～85mm。長野県10月

# 田んぼが育むホタル

**ヘイケボタルの交尾**
田んぼで育つヘイケボタル。幼虫はモノアラガイなどを食べて育ち、畔や土手の土中でホタルになる。ゲンジボタルよりも発生期間が長い傾向がある。体長10〜12mm。長野県7月

**ゲンジボタルとその幼虫**
ゲンジボタルは、ヘイケボタルよりひとまわり大きく、体長15〜20mmほど。背中の模様もヘイケボタルとは異なる。幼虫は、川や用水路でカワニナだけを食べて育つ。発光パターンなどに地域差があることがわかってきており、安易な放流による攪乱が問題となっている。長野県6月

田んぼの脇の石の上を見慣れぬ虫が歩いていた。よく見ればゲンジボタルの幼虫だ。水から上がって、蛹となる場所を探していたのだろう。体長25mm。新潟県5月

**畦に集まるヘイケボタル**
ゲンジほどの派手さはないが、ヘイケボタルがちらほら瞬く光景も、風情があっていいものだ。名所でなくとも、案外、身近な田んぼで光っていたりする。自分だけの秘密の場所を探し出すのも楽しい。滋賀県7月

百姓仕事から見えてくる風景―④

# 稲とともに育つアキアカネ

秋、稲を刈り終えた田んぼに行きました。残された刈り株をサクサク踏みしめ、茎の本数を数えてみます。26本、それなりに豊作です。田んぼにできた水たまりの上を、たくさんの連結したアキアカネが飛んでいます。前がオス、後ろがメスです。オスが腹部の先端でメスの頭部のつけ根をガッチリつかんで、2匹はつながって飛んでいます。メスの腹部を何度も水面に打ちつけて、卵を産み落としていきます。

アキアカネは秋に産卵して死んでしまいます。産み落とされた卵は、少しだけ発生を進めて眠りに入り、冬を越して、春に田んぼに水が入ると孵化します。今、目の前を飛んでいるアキアカネは、来年へ命をつなぐ行為をしているのです。

田んぼは稲を育てて収穫するという農家の目的によって、春、乾いた田んぼに水が入れられ田植えがされ、秋、水が落とされ稲が刈られます。四季のなかで裸地から湿地、草原そして再び裸地へと激変する、人為的な撹乱がたびたび起こる不安定な環境のように思われます。しかしそんな田んぼで、たくさんの生き物たちが生まれ、育っているのです。

稲が植えられお米が実るように、オタマジャクシはカエルに、ヤゴ(トンボの幼虫)はトンボに育っていくのです。田んぼの生き物観察をはじめたばかりのころは、この事実に驚きました。でも、いろいろな生き物のライフサイクルと、田んぼで僕がする農作業のつながりがはっきり見えてきたらわかりました。

田んぼは森のような安定した自然環境だったのです。長い時のなかで、人為的な撹乱は四季の一定の時期に毎年繰り返され、そこに育つ植物はずっと同じ稲なのです。落葉広葉樹の森が春に芽吹き、秋に葉を落とすように、田んぼは人によって春に田植えがされ、秋に稲が刈られるのです。田んぼが安定した自然環境であるのは、そこに適応して生きているたくさんの生き物たちを見れば明らかです。

だから、アキアカネは今年もここで無数の卵を産み落としているのです。この田んぼで来年もまた僕が水を張り、田植えをするということを、彼らはよくわかっているのです。

瀧沢郁雄(専業農家)

## 19［ふゆみずたんぼ］

冬の間も田んぼに水を張り続ける技術で、「冬期湛水（とうきたんすい）」と呼ばれてきた。田んぼの漏水を防ぎ、養分の発散を抑え、雑草を減らすなどの効果がある。それに加え、近年はさまざまな生き物を育む技術としても注目されつつある。そこで、一般にもわかりやすい呼称としてこの言葉が考案された。

## 20［田起《たお》こし］

稲刈り後、田んぼの表土を掘り起こす作業。秋におこなったり（秋起こし）、田植え前の春におこなったり（春起こし）、まったくおこなわなかったり（不耕起栽培）、と田んぼによってさまざま。有機物の分解を早める、代掻きを容易にする、雑草の根茎を枯らす、などの効果があるが、それぞれの気候や土性、農法によってメリット、デメリットが異なる。地中で暮らす生き物に大きなダメージを与えてしまうほか、秋起こしは、ガンやハクチョウの食べ物となるはずの落ち籾や二番穂を土中に埋めてしまう。

## 21［休耕田《きゅうこうでん》］

作付けを休んだ田んぼ。減反政策や農家の高齢化などの影響によって各地で増加している。場所にもよるが、数年まったく手入れのされなかった休耕田は復田がきわめてむずかしいといわれる。休耕田は一時的に生き物の豊かな湿地となることがあるが、その状態は長くは続かず、耕作されていたときに比べ生物相が単純になってゆく。田んぼの生き物には、稲の栽培にともなう撹乱が必要なのだ。

## 22［谷津田《やつだ》］［谷地田《やちだ》］

丘陵地帯の谷間に作られた田んぼ。谷の奥にはため池が作られることが多い。比較的水に恵まれ、古くから稲作に利用されてきた場所も多い。周囲の林も含め、生き物たちにとって暮らしやすい環境だが、平野部に比べると生産効率が低いことから、近年は放棄されてしまうケースが目立つ。

## 23［棚田《たなだ》］

山間や海岸の斜面に築かれた田んぼ。個々の田んぼの面積が小さく、大型機械の利用もむずかしいため、産業的には生産性の低い田んぼとみなされる。しかし、すばらしい景観を生み出す文化遺産として、保存のための取り組みがおこなわれている場所も少なくない。棚田は生き物たちにとっても好適な環境で、平地では見られなくなった生き物が残存していることも多い。

# 秋

黄金色に稔《みの》った稲穂が秋空に映える季節、いよいよ稲刈りだ。
田んぼからはすでに水が抜かれ、
水辺の生き物たちの姿は見あたらない。
彼らは土の中へ、
あるいは水路やため池などへと避難している。
稲刈りがはじまれば、
バッタやクモもすみかを追われ、
どこかへと姿を消す。

**ヒガンバナ**

ヒガンバナは冬の間に葉を茂らせ、春にはその葉を枯らしてしまう。そして秋、ちょうど彼岸のころに花茎を伸ばし、目にも眩しい花を咲かせる。愛知県10月

朝夕の涼しさを感じるころには、夏草たちの勢力が目に見えて衰えてくる。かわってキクの仲間、タデの仲間など、秋の花々が畦を彩る。稲刈りの終わった田んぼでは、それまで稲の陰でじっとこらえていた水田雑草たちが、ここぞとばかりに花を咲かす。

# 秋の田んぼに咲く花

秋も花との出会いが楽しい季節だ。除草剤が散布された田んぼや畦でも、秋には雑草たちが復活してくることも多い。夏の間はそれほど植物が見られなかった田んぼが、見違えるようになっていたりする。稲刈り後の田んぼにも注目しよう。来年の春に花を咲かせる植物たちも芽を出しはじめる。

**ユウガギク**

秋はキクの仲間が咲き競う季節。ユウガギク、ヨメナ、ノコンギクなどの野菊に出会うことができる。夏の間はほかの草に隠れて目立たなかったが、見事な花を咲かせてその存在をアピールする。長野県10月

**ゲンノショウコ**

夏から花を咲かせていたゲンノショウコも、秋になると花の数を増してくる。雄しべと雌しべの色のとり合わせが美しい。ピンクや紫の花もあるが私は白い花がいちばん好きだ。長野県10月

**ゲンノショウコの実**

ゲンノショウコは実の形も面白い。この奇抜なデザインを見ると、ついレンズを向けてしまう。
長野県10月

**ワレモコウ**

秋の畦でひときわ目をひく特徴的な花。万葉集などにも登場する在来の植物だが、圃場整備などの影響でずいぶん少なくなってしまった。
長野県10月

**チカラシバ**

乾いた畦や路傍にフサフサの穂を茂らせる。引き抜こうにも、ちょっとやそっとの力では抜けないのでこの名がある。朝露がキラキラ光る。
愛知県10月

**ウリカワ**

水の抜かれた田んぼに咲くウリカワ。葉っぱは地味だが、立派な花をつける。水中でも陸上でも生育できるたくましさをもつ。愛知県10月

**イボクサ**

この名前はいぼとりの薬草として利用されていたことによる。ツユクサをスリムにしたような体に、小さなピンクの花をつける。
愛知県10月

# 小さな花も魅力的

**イヌタデ**

畑や庭先などいたるところに咲く秋の花。実や茎も赤く染まって、秋の畦を彩る。
長野県10月

**シロノセンダングサ**
アメリカセンダングサの仲間で、衣服にくっつく種をつける。さまざまな蝶が蜜を求めてやってくる。愛知県10月

# 秋の空気が花々を引き立てる

**晩秋のミズオオバコ**
稲刈りの終わった棚田でひっそりとミズオオバコが咲いていた。雪の降る前に田んぼを水で満たす豪雪地帯の田んぼ。ここにはたくさんの水辺の生き物が暮らしている。新潟県11月

**ミゾソバ**

畦に点々と咲くミゾソバ。草刈りのタイミングがこの植物に好適だったのか、田んぼの中にまでぐんぐん入り込むほどの勢力を見せていた。愛知県10月

**ミゾソバの花**

それぞれは小さな花だが、いくつも集まって咲くのでよく目立つ。虫たちにも人気のある花だ。愛知県10月

**ノビタキ**

北国や高原で夏を過ごしていたノビタキが、南への旅すがら、田んぼや畦で秋のひとときを過ごす。瞳のかわいらしい小鳥だ。愛知県10月

**タヒバリ**

秋冬の田んぼで目にする機会の多いセキレイの仲間。尾を上下に振りながら地上を歩き、小さな虫を探して食べる。愛知県1月

# 渡り鳥の季節

繁殖期を終えた鳥たちの多くは、生まれ故郷を離れて生活する。鳥たちのなかには地球レベルの長距離の旅に出るものも少なくない。秋の田んぼには、こうした渡り鳥たちも姿を見せる。群れをなした鳥を目にすることも多い秋冬、田んぼではさまざまな鳥たちとの出会いがある。

春と同様、平野部の広い水田地帯では渡り鳥に出会うチャンスが大きい。まずはサギなどの大型の鳥の多い場所を探して、その周辺をじっくり見て回るとよい。稲刈り後の広い空間を好む鳥、深い草むらを好む鳥など、環境ごとに見られる種類も異なる。台風が通過した後では、意外な珍鳥に出会うことがある。

**アオサギ**

小雨の降るなか、畦でアオサギがたたずんでいた。稲が刈られた後の田んぼは、見通しのよい、鳥たちにとって安心できる場所となる。島根県12月

# 田んぼに群れる鳥たち

**⬆ミヤマガラス**
秋に大陸から渡ってくるミヤマガラス。広い田んぼで群れをなして生活する。近年、各地に分布を拡げつつある鳥だ。青森県3月

**⬇スズメ**
稲刈りの終わった田んぼに群れて、落ち籾をついばんでいた。いつも農家に追い払われているためだろうか、田んぼではとても神経質。愛知県11月

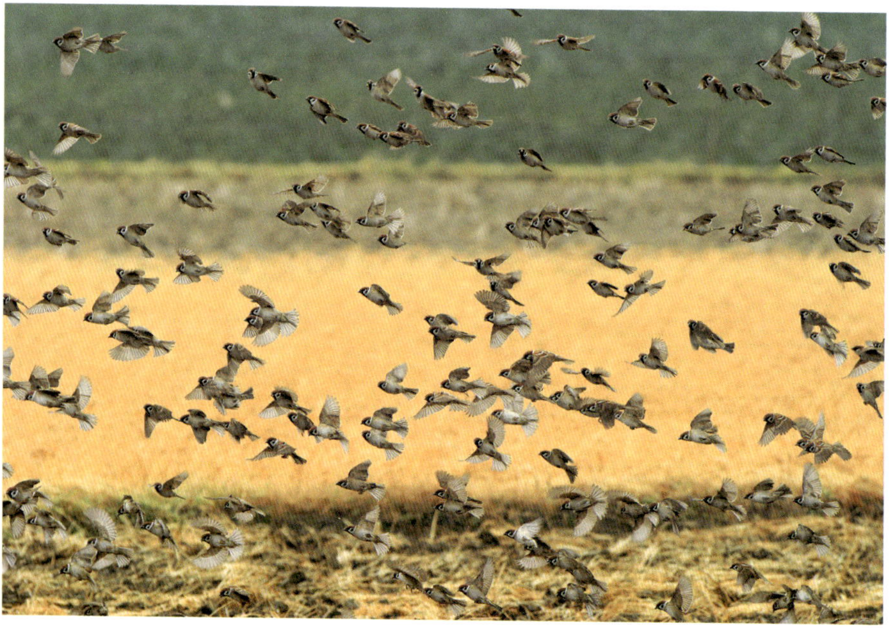

⬆ハマシギ
たっぷりと水の張られた田んぼにハマシギが群れる。泥の中から小さな虫を探し出して食べていた。島根県12月

⬇カワラヒワ
夏の間は家族単位で田んぼにやってきていたカワラヒワも、秋冬は群れをなして生活する。畦草の種をついばんでいた。愛知県12月

# 田んぼのクモは大活躍

たくさんの虫を育む田んぼには、大小、さまざまなクモも生活している。クモの巣だらけの田んぼを見かけることがあるが、こうした場所ではクモによって個体数が抑えられるために、害虫の大発生はないという。まさにスパイダーマンのような活躍だ。生き物の豊かさの指標ともいえるクモたちに注目したい。

田んぼに暮らすさまざまなクモのなかでも、ナガコガネグモやジョロウグモなどの作る大きな円網は、糸も太く目に入りやすい。また、早朝は朝露のついたクモの巣がよく目立つので、遠くからもクモの多い田んぼとそうでない田んぼとを見分けることができる。生き物の豊かな田んぼを見つけるテクニックのひとつだ。

**ナガコガネグモ**
ジョロウグモに似ているが腹部の模様が細かいので見分けることができる。夏の田んぼでよく目立つクモで、比較的低い位置に巣を作る。体長12〜25mm。
長野県7月

**ジョロウグモ**
夏から秋にかけて、木立や竹竿の間に金色の糸で大きな網を張る。脚と腹部の縞模様が美しいクモ。体長25mm。愛知県11月

**ナカムラオニグモ**
稲の間に網を張り、その端に葉を利用した隠れ家を作って獲物を待つ。田んぼを代表するクモのひとつ。体長9〜12mm。長野県8月

**➊スジブトハシリグモ**

田んぼなどの水辺を好む大型のクモ。水面を器用に走り、危険を察知すると水中に潜って身を隠す。体長20mm。長野県6月

**オモダカの花で虫を待つハナグモ**

花に潜んで訪れる虫を狙うハナグモ。稲の葉上で見かけることも多い。体長4〜6mm。長野県8月

**空へと旅立つサラグモの一種**

クモは空も飛ぶ。上昇気流にのせてお尻の先から糸を伸ばし、十分な浮力が得られたときに手足を放せば、まさに風まかせの旅がはじまる。暮らしやすい場所にたどりつけたら幸せ者。体長3mm。愛知県1月

# 田んぼには小さなクモが無数に暮らしている

**クモの糸の輝く田んぼ**

バルニングと呼ばれるクモの飛行は一年中見られるが、初冬には、たくさんのクモがいっせいに飛び立つシーンに出会うことがある。そんな日は、クモたちが放出した糸で、田んぼ一面が銀色に輝いて見える。愛知県1月

# 田んぼで目につく外来動物

さまざまな外来動植物が問題視される昨今だが、田んぼにも多くの外来動植物が侵入している。なかには、生態系に大きな影響をおよぼすものも少なくない。外来動植物に占拠された田んぼは、生物相が極端に単純化してしまう。こうした動植物をこれ以上拡散させないよう、生き物の飼育や栽培には十分、気をつけたい。

**アメリカザリガニ**

子どもたちに人気のアメリカザリガニだが、何でも食べる厄介者。これが増えすぎた田んぼでは、ほかの生き物がことごとく食べられてしまう。ザリガニしかいない田んぼは、つまらない。長野県7月

**ウシガエル**

もとは食用として輸入されたものだが、今では各地の池や水路に住み着いて、わが物顔でうなり声を上げている。動くものなら何でも飲み込んでしまう大食いは、ほかの生き物に少なからぬ影響を与えている。新潟県7月

**スクミリンゴガイ(ジャンボタニシ)**

比較的最近移入され、各地に進出しつつある大形の巻貝。稲の茎や水路の壁面に毒々しいピンク色の卵を産みつける。柔らかい植物ならなんでも食べてしまうので、田んぼや湿地の植物にとっては脅威の存在だ。愛知県5月

**←よく目立つ卵**

愛知県7月

**田んぼで大発生**

成長した稲には危害を加えない性質を利用して、この貝を除草に活用する農法が実用化されている。しかしこの貝は、田んぼから田んぼへと容易に移動する能力をもっているので、まだ侵入していない地域ではこの農法を取り入れるべきではない。愛知県7月

田んぼで羽化したアキアカネは高原などへ移動して夏を過ごしていた。秋、成熟したアキアカネは田んぼに戻ってきて、稲刈りの終わった田んぼに産卵し、その一生を終える。卵は冬の寒さと乾燥に耐え、翌年の春、田んぼに水が入ると孵化してヤゴとなる。そのほかのアカネ類も秋の田んぼで最期の輝きをみせる。

# 赤とんぼの季節

アカネの仲間は夏から秋にかけて長期間、田んぼで見られ、稲作とのつながりが深い。数も多く、子どもでも捕まえやすい。似た種類もあるけれど、見分けるのはむずかしくない。いろんな意味で、田んぼの生き物入門には最適な昆虫だ。

**ノシメトンボ**

稲架木で翅を休めるノシメトンボ。無事、子孫を残すことができただろうか。体長41〜48mm。長野県10月

**⬆ノシメトンボの産卵**

ノシメトンボの産卵は、稲の上から卵をばらまくスタイル。メス（後ろの個体）の腹部の先に見える白い粒が卵。長野県10月

**⬇ノシメトンボの交尾**

オスは腹部の先でメスの首の付け根をつかみ、メスは腹部の先をオスの生殖器（腹部の付け根にある）から精子を受け取る。新潟県11月

**アキアカネ**

すっかり成熟したアキアカネ。顔つきも貫禄十分。　体長36～43mm。長野県10月

**連結して産卵場所を探す**

アキアカネの産卵は午前10時ごろに集中する。この時間になると、連結したペアが次々に田んぼにやってきて、産卵に適した場所を探して飛び回る。新潟県11月

# 次の世代へと命をつなぐアキアカネ

**アキアカネの産卵**

主な産卵場所は田んぼの浅い水たまりやその脇の湿った泥だ。なかには、間違ってビニールシートに産卵を試みるものもある。雌の腹部の先を泥に押しつけるようにして、連結したまま卵を産んでゆく。新潟県11月

**田んぼの土へと帰ってゆく……**

初冬の朝、水たまりにアキアカネの死体が浮かんでいた。間もなく、この田んぼも雪に覆われる。新潟県11月

# 冬

田んぼが枯れ野、
あるいは雪原へと姿を変える冬。
暖かい地方では裏作作物が育っているかもしれない。
この時期の田んぼを利用する生き物は
けっして多くはないが、
開けた場所で安全に暮らす鳥たちにとっては、
なくてはならない環境となっている。
一見、「何もない」ように見える冬の田んぼだが、
「何もない」ことこそ、
彼らにとってはかけがえのない豊かさなのだ。

**落ち穂を拾うマガン**
かつては日本各地に飛来していたガンの仲間だが、現在は東北地方や北陸地方など、ごく一部の地域でしか出会えない鳥になってしまった。宮城県1月

ネズミやモグラなどを好物とする猛禽類にとって、冬の田んぼは絶好の狩り場だ。広い水田地帯の農道を車でゆっくり走れば、電柱や畦の上から獲物を狙う猛禽類に出会うことができる。

# 田んぼの猛《もう》禽《きん》

**コミミズク**

はるか北の繁殖地から冬鳥として渡ってくるコミミズク。主に夜間に活動するが、明るい時間帯にネズミを探して飛び回る姿を見ることもある。宮城県1月

**チョウゲンボウ**

冬の田んぼで出会うチャンスの多い猛禽類。電柱や杭の先にとまった姿を見ることが多いが、ちょうどよい風が吹くときは、空中でたくみにホバリングしながら獲物を探す。
宮城県1月

**飛び立つチョウゲンボウ**

かつては崖地のくぼみなどで繁殖していたが、最近はビルや橋脚などの人工構造物をうまく利用して子育てするものが多い。長い尾が特徴のハヤブサの仲間。長野県11月

**藁塚《わらづか》にとまったノスリ**

ノスリも冬の田んぼで出会う機会の多い鳥。ネズミやモグラを主食にしている。トビより少し小さい、ぽっちゃりした体型のタカ。宮城県1月

# 心ときめく猛禽類との出会い

普段は接する機会の少ない猛禽類だが、冬の広い水田地帯なら出会えるチャンスが大きい。こうした環境で暮らしている猛禽類は人や車にも慣れているので、観察もしやすい。歩いて近づくよりも、車に乗って近づく方が、警戒されにくい。

**⬆ノスリの飛翔**

夏の間は山地で目にすることが多いが、冬になると、北国からたくさん渡ってきて、広い干拓地ではごく普通に見ることができる。新潟県12月

**⬇トビ**

トビも猛禽類の一種。いつも人の近くで生活しているが、たいへん用心深い。見通しのきく畦は、ひと休みするのにちょうどいい。滋賀県11月

# タゲリの魅力

冬の田んぼでひときわ目をひくタゲリ。ハトより少し小さいチドリの仲間だ。広い田んぼや畑、河原などで出会うことができる。光線によって微妙に色を変化させて輝く背中、白黒ツートンの模様。そして頭の冠羽。日本の鳥のなかでももっともおしゃれなもののひとつ。ネコのように「ミャー」と鳴く声が、ちょっとおかしい。

✱タゲリは開けた環境を好み、同じ場所を継続的に訪れることも多い。暖地では単独や小群れで暮らすことが、積雪のある地域では大きな群れを見ることができる。美しい鳥だが案外、目立たず、静止していると見落としてしまう。雄の成鳥には立派な冠羽があるが、雌や若鳥の冠羽は短い。

**タゲリ**

冬の日射しを浴びて美しく輝く姿にドキドキしてシャッターを押した。愛知県12月

**⬆群れ飛ぶタゲリ**
翼の下面はみごとなデザイン。幅の広い翼の形も特徴的で、ふわりふわりとはばたいて飛ぶ。石川県2月

**⬇田んぼで虫を探す群れ**
乾燥した田んぼや畑で見かけることも少なくない。この日はひこばえの葉先のクモをついばんでいた。
愛知県1月

**マガン**

ガンの魅力は「竿になり鈎になり」飛んでゆく、群れの姿とよく響く声。越冬地では日常的にガンに接することができるのだが、その価値に気づく人はまだまだ少ない。島根県12月

# ガンとハクチョウ

古来より文学や絵画の題材となってきたガン。明治以降の乱獲や生息地の開発によって数を減らし、ほとんどの人にとっては馴染みのない鳥となってしまった。辛うじて残された飛来地では、幸い、順調に個体数を増やしつつある。ガンを呼び戻そうと各地でさまざまな取り組みがはじめられ、こうした活動が、田んぼを見直すきっかけにもなっている。

ガンの仲間は沼などの浅く広い水辺を夜の塒《ねぐら》とし、毎朝、群れをなして田んぼへと出かけてゆく。早朝、沼のほとりに立っていれば、大音響とともに飛び立つガンの群れが頭上を通過してゆく。生き物たちの圧倒的なエネルギーを感じられる瞬間なので、ぜひともこれを体験していただきたい。

**⬆オオヒシクイ**
人のすぐ傍らで暮らすガン。秋冬の田園風景の一部となっている。新潟県12月

**⬇田んぼでくつろぐマガンの家族**
マガンは日中のほとんどの時間を田んぼで過ごす。彼らの食物は落ち穂やひこばえ、畦草などだ。越冬地での栄養状態が夏の繁殖率に大きく影響するという。島根県12月

**マガンの飛翔**

家族の絆の強いガンは、いつも呼び掛け合いながら飛んでゆく。その声は「カハハン、カハハン」と哀愁に満ちて胸に染み入る。島根県12月

# 田んぼが支える
# ガンやハクチョウの命

ハクチョウに比べ、ガンの仲間はとても警戒心が強く、間近に観察するのがむずかしい。無理に近づくとすぐに飛び立ってしまう。ガンたちが首を伸ばして警戒の姿勢をとりはじめたら、それ以上は接近してはならない。

**田んぼで食事する**
**コハクチョウ**

ハクチョウといえば湖を思い浮かべる人が多いようだが、コハクチョウは主に田んぼで見られる鳥だ。北日本には、人里のそこここに落穂をついばむハクチョウたちの姿がある。新潟県11月

**⬅コハクチョウとマガンの群れ**

3月下旬の津軽半島。北へ帰るガンやハクチョウが雪に降られてひと休み。旅の途中でも、行く先々の田んぼが彼らの暮らしを支えている。雪の下にはもう春の草が顔を出している。青森県3月

# 索引

## 本書で登場する花・虫・鳥

## 花

### ア



### カ



### サ



### タ



### ナ



### ハ



### マ



### ヤ



### ラ



### ワ



## 虫

### ア



### カ

# 鳥

# おわりに

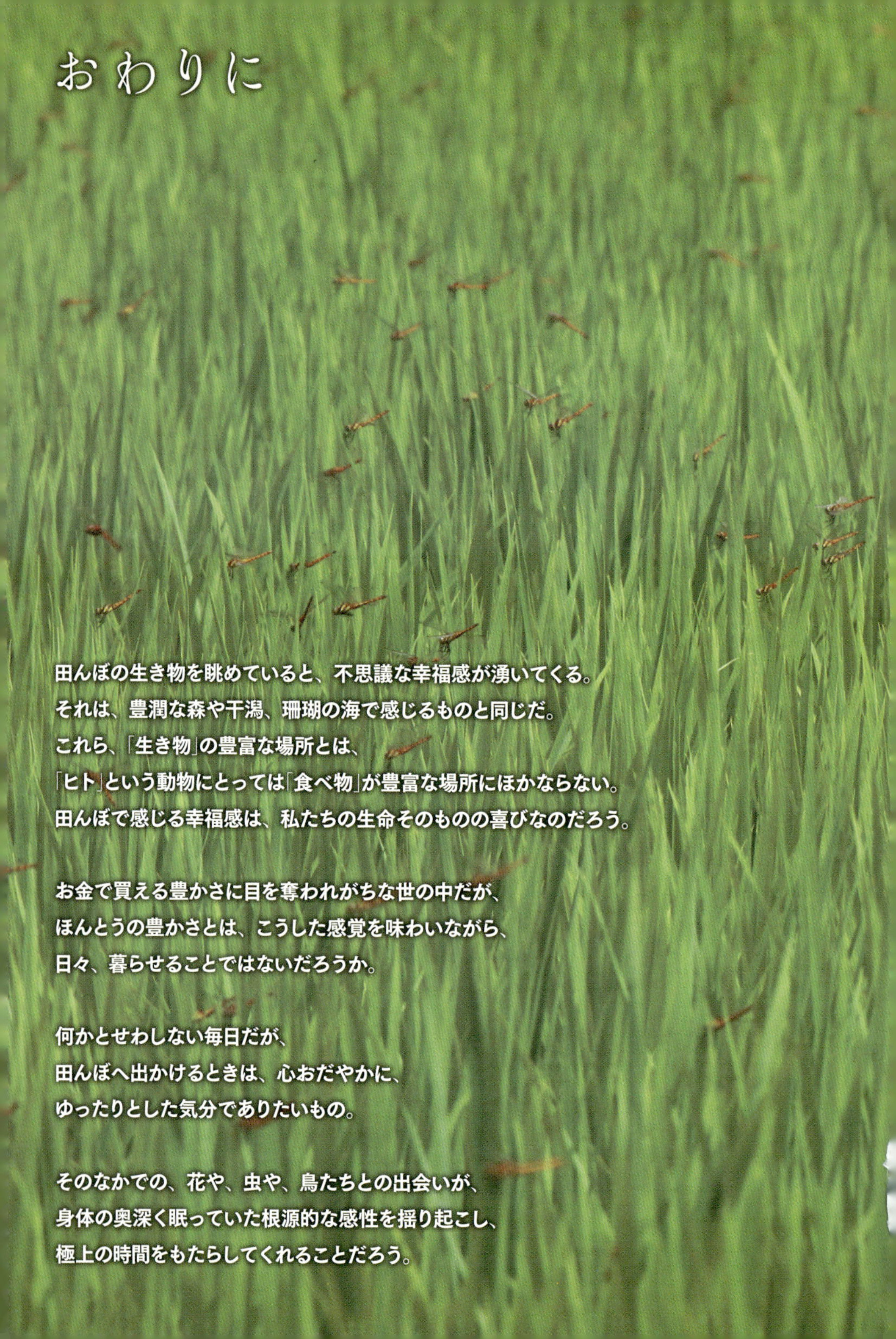

田んぼの生き物を眺めていると、不思議な幸福感が湧いてくる。
それは、豊潤な森や干潟、珊瑚の海で感じるものと同じだ。
これら、「生き物」の豊富な場所とは、
「ヒト」という動物にとっては「食べ物」が豊富な場所にほかならない。
田んぼで感じる幸福感は、私たちの生命そのものの喜びなのだろう。

お金で買える豊かさに目を奪われがちな世の中だが、
ほんとうの豊かさとは、こうした感覚を味わいながら、
日々、暮らせることではないだろうか。

何かとせわしない毎日だが、
田んぼへ出かけるときは、心おだやかに、
ゆったりとした気分でありたいもの。

そのなかでの、花や、虫や、鳥たちとの出会いが、
身体の奥深く眠っていた根源的な感性を揺り起こし、
極上の時間をもたらしてくれることだろう。

**羽化したばかりのアキアカネ**

前夜、おびただしい数のアキアカネが羽化した田んぼ。稲の葉先でしばし翅を 休める。あと数時間のうちに上空へと舞い上がり、山や高原へと旅立ってゆく ことだろう。長野県7月

著者略歴

**久野公啓**(くの・きみひろ)

1965年愛知県生まれ。信州大学農学部林学科卒業。長野県伊那市在住。幼少のころから、田んぼなど身近な場所に暮らす生き物に惹かれ、その魅力を世に紹介する活動を続ける。また、春と秋は全国をフィールドに渡り鳥を数える定点調査を長年継続。これらのライフワークに取り組みつつ、食べること、働くこと、生きることなど、あるべき「人」の姿について思いをめぐらす日々を送る。

[受賞]

フジフォトサロン新人賞・部門賞(2000年)

[共著]

『タカの渡り観察ガイドブック』(文一総合出版 2003年)

『乗鞍岳自然観察ガイド』(山と溪谷社 2005年)

『田んぼの生き物』(築地書館 2006年)　など

[コレクション]

清里フォトアートミュージアム(1995年、1999年、2000年)

**田んぼで出会う花・虫・鳥**

**農のある風景と生き物たちのフォトミュージアム**

2007年9月10日　初版発行

| | |
|---|---|
| 著者 | 久野公啓 |
| 発行者 | 土井二郎 |
| 発行所 | 築地書館株式会社<br>〒104-0045<br>東京都中央区築地7-4-4-201<br>TEL　03-3542-3731<br>FAX　03-3541-5799<br>http://www.tsukiji-shokan.co.jp/<br>振替　00110-5-19057 |
| ブックデザイン | 今東淳雄(maro design) |
| 印刷・製本 | 株式会社シナノ |



ISBN978-4-8067-1354-8 C0645

| | |
|---|---|
| 協力 | 小川文昭(p54文)<br>立川直樹(p94文、写真)<br>小沢尚子(p11文、写真)<br>瀧沢郁雄(p128文、写真)<br>ひと・むし・たんぼの会 |